电网无人机巡检技能实训教材

戴永东　主编

中国水利水电出版社
www.waterpub.com.cn
·北京·

内 容 提 要

本书共分为 8 章，第 1 章为无人机巡检与管控系统概述；第 2 章为无人机巡检安全工作规程；第 3 章为无人机操作技术；第 4 章为无人机巡检系统使用；第 5 章为无人机巡检电网设备及运行要求；第 6 章为无人机巡检作业；第 7 章为无人机巡检作业数据处理和缺陷分析；第 8 章为无人机特殊挂载及特种装备。

本书可供从事无人机巡检及相关方面工作的读者使用，也可为对无人机巡检感兴趣的读者提供一定的帮助。

图书在版编目（ＣＩＰ）数据

电网无人机巡检技能实训教材 ／ 戴永东主编. -- 北京 ： 中国水利水电出版社，2022.12(2025.1重印).
ISBN 978-7-5226-1173-0

Ⅰ. ①电… Ⅱ. ①戴… Ⅲ. ①无人驾驶飞机－应用－输电线路－巡回检测－教材 Ⅳ. ①TM726

中国版本图书馆CIP数据核字(2022)第249383号

书　　名	**电网无人机巡检技能实训教材** DIANWANG WURENJI XUNJIAN JINENG SHIXUN JIAOCAI	
作　　者	戴永东　主编	
出版发行	中国水利水电出版社 （北京市海淀区玉渊潭南路 1 号 D 座　100038） 网址：www. waterpub. com. cn E - mail：sales@mwr. gov. cn 电话：(010) 68545888（营销中心）	
经　　售	北京科水图书销售有限公司 电话：(010) 68545874、63202643 全国各地新华书店和相关出版物销售网点	
排　　版	中国水利水电出版社微机排版中心	
印　　刷	清凇永业（天津）印刷有限公司	
规　　格	184mm×260mm　16 开本　16.25 印张　395 千字	
版　　次	2022 年 12 月第 1 版　2025 年 1 月第 2 次印刷	
定　　价	**98.00 元**	

编　委　会

主　　编　戴永东

副 主 编　张　韧

参编人员　徐国栋　黄宏春　唐达燊　刘　玺
　　　　　　季日华　王神玉　方　成　王小健
　　　　　　高　澄　周　燚　王茂飞　李艳阳
　　　　　　鞠　赟　田　雁

前　言

　　无人机最早出现于20世纪20年代，经过长期发展，目前广泛用于城市管理、农业、地质、气象、电力、影视制作等行业。在电力行业中，无人机主要用于设备巡检、三维建模、地形勘察、状态检测等。随着无人机硬件及软件的飞速发展，其在电力行业中承担的业务也越来越丰富，极大地提高了电力设备运检成效。

　　区别于传统输变配专业运维管理模式受环境影响大、劳动效率低的特点，电网无人机巡检具有较强的抗干扰能力和较高的效率，在崇山峻岭、严寒酷暑或是空间复杂环境中均可开展作业。丰富的挂载设备更加拓宽了其在电力巡检行业中的应用。

　　本书共分为8章，第1章无人机巡检与管控系统概述，介绍了无人机平台、动力系统、飞控系统、地面站系统、链路系统、任务载荷系统，详细阐述了各子系统的工作原理。第2章无人机巡检安全工作规程，介绍了中国民航局飞行标准司对无人机、作业人员、空中交通的规程制度要求，依据国网《架空输电线路无人机作业空域申请和使用管理办法（试行）》，介绍空域申请流程和使用要求，依据各专业《电力安全工作规程》介绍巡检作业的安全措施、技术措施等要求。第3章无人机操作技术，介绍了旋翼无人机、固定翼无人机的起降操纵、飞行控制、任务设备（载荷）控制、数据链路管理等飞行技术和拍摄技术。第4章无人机巡检系统使用，介绍了无人机设备台账建立与维护、多旋翼无人机和固定翼无人机巡检系统的使用与维护保养、任务设备使用与维护保养、无人机巡检系统调试以及保障设备的使用。第5章无人机巡检电网设备及运行要求，依据电力行业标准和上级管理要求的运行标准等内容，介绍了输电、变电、配电设备基础知识。第6章无人机巡检作业，系统介绍了无人机巡检任务制定，输变配无人机精细化巡检以及通道巡检的作业方法，故障巡检以及应急处置过程中的步骤和要求。第7章无人机巡检作业数据处理和缺陷分析，介绍了输变配电网设备常见缺陷和隐患，分类分级，巡检数据处理和报告编写的步骤、要求。第8章无人机特殊挂载及特种装备，介绍了喷火、抛投、验电、憎水试验、应急照明、移动巡检作业车、固定机场等特种设备应用，并通过设备介绍、应用案例、应用效果等方面进行阐述。

希望本书能为从事无人机巡检工作的电网企业员工带来一些帮助，限于编写水平，如书中存在不足之处，还望广大读者批评指正。

编者

2022 年 12 月

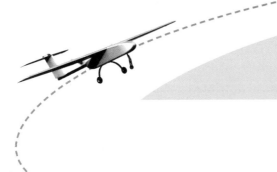

目 录

第1章
无人机巡检与管控系统概述

1.1 无人机巡检系统组成和飞行原理

1.1.1 无人机平台及其原理

1.1.1.1 固定翼平台

固定翼平台即固定翼无人机，也是日常生活中提到的"飞机"，是指由动力装置产生前进的推力或拉力，由机体上固定的机翼产生升力，在大气层内飞行的密度大于空气的航空器。固定翼无人机如图1-1所示。

大部分固定翼无人机结构包含螺旋桨、机身、机翼、起落架等，如图1-2所示。

图1-1 固定翼无人机

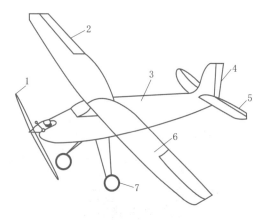

图1-2 固定翼无人机通用结构
1—螺旋桨；2—副翼；3—机身；4—垂直尾翼；
5—水平尾翼；6—机翼；7—起落架

1.1.1.2 垂直起降固定翼平台

垂直起降固定翼无人机是一种密度大于空气的无人机，垂直起降时由与直升机、多旋翼类似起降方式或直接推力等方式实现，水平飞行由固定翼飞行方式实现，且垂直起降与水平飞行时可在空中自由转换，垂直起降固定翼无人机如图1-3所示。

1.1.1.3 旋翼平台

旋翼平台即旋翼无人机。旋翼无人机是一种重于空气的航空器，其在空中飞行的升力由一个或多个旋翼与空气进行相对运动的反作用获得，与固定翼航空器为相对的关系。现代旋翼无人机通常包括直升机、旋翼机和变模态旋翼机三种类型。

旋翼航空器因为其名称常与旋翼机混淆，实际上旋翼机的全称为自转旋翼机，是旋翼航空器的一种。

（1）直升机。直升机是一种由一个或多个水平旋转的旋翼提供升力和推进力而进行飞行的航空器。直升机具有大多数固定翼航空器所不具备的垂直升降、悬停、小速度向前或向后飞行的特点。这些特点使得直升机能在很多场合大显身手。直升机与固定翼飞机相比，其缺点是速度低、耗油量较高、航程较短。无人直升机如图 1-4 所示。

图 1-3　垂直起降固定翼无人机　　　　图 1-4　无人直升机

（2）多轴无人机。多轴无人机是一种具有三个及以上旋翼轴的特殊直升机。其通过每个轴上的电动机转动带动旋翼，从而产生升推力。旋翼的总距固定，而不像一般直升机那样可变。通过改变不同旋翼之间的相对转速，可以改变单轴推进力的大小，从而控制飞行器的运行轨迹。四旋翼无人机如图 1-5 所示。

图 1-5　四旋翼无人机

（3）自转旋翼机。自转旋翼机简称旋翼机或自旋翼机，是旋翼航空器的一种。它的旋翼没有动力装置驱动，仅依靠前进时的相对气流吹动旋翼自转以产生升力。旋翼机大多由独立的推进或拉进螺旋桨提供前飞动力，用尾舵控制方向。旋翼机必须像固定翼航空器那样滑跑加速才能起飞，少数安装有跳飞装置的旋翼机能够原地跳跃起飞，但旋翼机不能像直升机那样进行稳定的垂直起降和悬停。与直升机相比，旋翼机的结构非常简单、造价低廉、安全性较好，一般用于通用航空或运动类飞行。自转旋翼机如图 1-6 所示。

图 1-6　自转旋翼机

1.1.2　动力系统

出于成本和使用方便的考虑，目前电网无人机巡检系统普遍使用的是电动动力系统。电动动力系统主要由锂电池、电子调速器、无刷电机以及螺旋桨四部分组成。无人机电动动力系统构成及作用如图 1-7 所示。

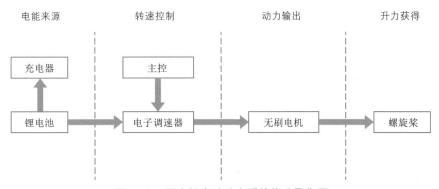

图 1-7　无人机电动动力系统构成及作用

1. 动力电机

无人机使用的动力电机可以分为有刷电机和无刷电机两类。其中有刷电机由于效率较低，在无人机领域已逐渐淘汰。无刷电机全称为无刷直流电机，英文为 brushless DC motor（BLDC），多旋翼无人机常用的是三相无刷外转子电机。无刷电机是随着半导体电子技术发展而出现的新型机电一体化电机，它是现代电子技术、控制理论和电机技术相结合的产物。

（1）构成。无刷电机由转子与定子共同构成，转子是电机中旋转的部分，包括转轴、钕铁硼磁铁；定子主要由硅钢片、漆包线、轴承等构成。

（2）基本参数。

1）工作电压。无刷电机使用的工作电压范围较宽。当整机系统电压高于额定工作电压时，电机会处于超负荷状态，将有可能导致电机过热乃至烧毁；当整机系统电压低于额定工作电压时，电机会处于低负荷状态，电机功率较低，将有可能无法保障整个无人机系统的正常工作。

2）KV 值。KV 值的概念是指无刷电机工作电压每提升 1V，无刷电机所增加的转速。无刷电机引入了 KV 值的概念，能够使我们了解到该电机在不同电压下所产生的空载转速（即没有安装螺旋桨）。KV 值与转速关系的公式为

$$KV \times 电压值 = 空载转速（每分钟）$$

例如，某电机 KV 值取为 130 时，其最大工作电压为 50.4V，可知其最大空载转速为

$$130 \times 50.4\mathrm{V} = 6552\mathrm{r/min}$$

负载越大，实际转速越低。

3）最大功率。最大功率是电机能够安全工作的最大功率，电机的功率反映了其对外的输出能力，功率越大的电机其输出能力也更强。功率的计算公式为

$$电压 \times 电流 = 功率$$

例如某 2212 电机，工作电压为 11.1V，其最大工作电流为 20A，可知其最大功率为

$$11.1\mathrm{V} \times 20\mathrm{A} = 222\mathrm{W}$$

无刷电机不可超过最大功率使用，如果长期处在超过最大功率的情况下，电机将会发热乃至烧毁。

4）电机尺寸。多旋翼无人机的无刷电机多采用其内部定子的直径和高度尺寸来定义电机的尺寸，例如某无人机电机采用的是 6010 电机，表示的是其电机定子直径为 60mm，高度为 10mm。

5）最大拉力。电机在最大功率下所能产生的最大拉力，也直接反映了电机的功率水平。多旋翼无人机要求其所有电机总拉力必须大于机身自重一定比例，才能保障无人机的飞行安全和飞行性能。这个比例我们称之为推重比，多旋翼的推重比都必须大于 1，常见的为 1.6～2.5，推重比反映了无人机动力冗余情况，过低的推重比会降低多旋翼无人机的飞行性能以及抗风性。在一定范围内，其推重比越低，说明电机的工作强度越高，电机工作效率会不断下降。

下面以某无人机（机身重量 22.5kg、单电机最大推力 5.1kg、八轴设计）为例，来进行多旋翼无人机推重比的计算，其总推力为

$$5.1\mathrm{kg} \times 8 = 40.8\mathrm{kg}$$

由以上可知此无人机的推重比（无人机最大拉力除以机身重量）为

$$40.8 \div 22.5（标准起飞重量）\approx 1.81（精确到小数点后两位）$$

因此，该无人机的推重比为 1.81。

6）内阻。电机线圈本身的电阻很小，但由于电机工作电流可以达到几十上百安，因此内阻会产生很多的热量，从而降低电机效率。多旋翼使用的无刷电机转速相对较低，电流频率也低，可以忽略电流的趋肤效应。因此选择多旋翼动力的时候应尽量选择粗线绕制的无刷电机，相同 KV 值的电机漆包线直径越粗，内阻越小，效率越高，并且可以更好地散热。

2. 动力电源

动力电源主要为电动机的运转提供电能。通常采用化学电池来作为电动无人机的动力

电源，主要包括镍氢电池、镍铬电池、锂聚合物、锂离子动力电池。其中，前两种电池因重量重、能量密度低，现已基本上被锂聚合物动力电池所取代。

锂聚合物电池，英文为 Li-polymer，简称 LiPo，是一种能量密度高、放电电流大的新型电池。同时，锂电池在使用过程中对过充过放都极其敏感，在使用前应该熟练了解其使用性能。锂聚合物电池的充电和放电过程，就是锂离子的嵌入和脱嵌过程，充电时锂离子由负极脱离嵌入正极，而在放电时，锂离子脱离正极嵌入负极。一旦锂聚合物电池放电导致电压过低或者充电电压过高，正负极的结构将会发生坍塌，导致锂聚合物电池受到不可逆的损伤。单片锂聚合物电池内部结构如图 1-8 所示。

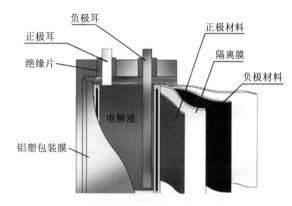

图 1-8 单片锂聚合物电池内部结构

随着无人机巡检技术的发展，智能电池亦越来越多地出现在人们的视野中，目前部分无人机所使用的智能锂电池如图 1-9 所示。智能电池目前具备的一些功能有电量显示、寿命显示、电池存储自放电保护、衡充电保护、过充电保护、充电温度保护、充电过流保护、过放电保护、短路保护、电芯损坏检测、电池历史记录、休眠保护、通信等 13 个功能。其中有的电池功能可以通过 LED 灯不同的亮灭组合形式来确定目前的情况，有的电池功能则需要配合移动设备的 App 来进行实现，App 上会实时显示剩余的电池电量，系统会自动分析并计算返航和降落所需的电量和时间，免除时刻担忧电量不足的困扰。智能电池会显示每块电芯的电压、总充放电次数以及整块电池的健康状态等。

电芯的标准电压 3.7V，安全充电的最高电压 4.2V，高于此电压继续充电将会对电池性能产生损伤。随着电池技术的发展，出现了高压版锂电池，锂聚合物电池截止电压由 4.2V 升至 4.35V。高压版智能锂电池如图 1-10 所示，其提升了电池能量密度。专业无人机厂家目前多采用高压版锂电池来提高无人机的飞行性能。4s 锂电池的额定电压 15.4V，满电电压 17.6V。

图 1-9 某品牌智能锂电池

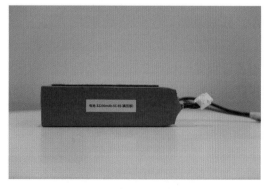

图 1-10 高压版智能锂电池

充电器是为动力锂电池进行平衡充电的设备，平衡充电器及其电池的平衡充电头如图 1-11 所示。区别于一般电池（如镍氢及镍镉电池）普遍为仅串充的充电方式，锂电池充电器都需对电池进行平衡充电，锂电池的平衡头就是专门进行平衡充电的接口。由于锂电池对过放的敏感性，在使用中一旦各片锂电池电芯电压不平衡，就可能会形成低电压电芯过放的风险。

3. 调速系统

动力电机的调速系统可称为电调，也称为电子调速器（electronic speed control，ESC）。针对动力电机不同，可分为有刷电调和无刷电调。它根据控制信号调节电动机的转速。无刷电调的结构由输入部分信号输入线、电源输入线、电调主体、输出端等构成，如图 1-12 所示。

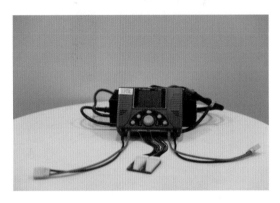
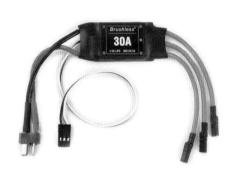

图 1-11　平衡充电器及其电池的平衡充电头　　　　图 1-12　无刷电调的基本构成

无刷电调主要参数：

（1）使用电压。使用电压是该电调所能使用的电压区间，例如某 40A 电调使用电池组为 2～6S（S 表示锂电池串联），也就是说使用电压区间为 7.4～22.2V。需要注意的是，电调的使用电压必须在指定范围内，否则将不能正常工作。

（2）持续工作电流。持续工作电流是该电调可以持续工作的电流，超过该电流可能导致电调过热烧毁。某无刷电调的使用参数见图 1-12，该款电调持续工作电流为 20A，那该电调就必须工作在 20A 以内。

4. 螺旋桨

螺旋桨，一般也会简称为桨叶。桨叶构造如图 1-13 所示。螺旋桨将电机的旋转功率转变为无人机的动力，是整个动力系统的最终执行部件。螺旋桨性能优劣对于无人机的飞行效率产生十分重要的影响，直接影响了无人机的续航时间。螺旋桨分类如下：

（1）按材质分类。螺旋桨按材质进行划分可分为碳纤维螺旋桨、木质螺旋桨、塑料螺旋桨。碳纤维螺旋桨强度高、重量轻、寿命较长，是螺旋桨最好的材料之一，但是价格是最贵的。木质螺旋桨强度高、性能较好，价格也较高，主要应用于较大型无人机。塑料螺旋桨性能一般，但是其价格便宜，因此在小型多旋翼无人机得到了广泛的应用。

图 1-13 桨叶构造

（2）按结构分类。螺旋桨按结构进行分类可分为非折叠桨与折叠桨，如图 1-14 所示。非折叠桨结构为整体一体成型，而折叠桨左右两侧的桨叶是分开并可以进行折叠的。折叠桨的设计初衷是方便进行折叠，以方便无人机的运输。

（a）非折叠桨　　　　　　　　　　　　　　（b）折叠桨

图 1-14 不同结构的桨叶

（3）按桨叶数分类。按螺旋桨叶数分类可分为单叶桨、双叶桨、三叶桨。螺旋桨的桨叶数增多，其最大拉力也会增大，但效率会降低。单叶桨一般用于高效率竞速机，可避免碰到前叶的尾流，效率最高，但另一端要配平。双叶桨是最常见的桨，效率高，并且容易平衡。三叶桨的效率比双叶桨略低，优点是相同拉力情况下尺寸可以做得更小。四叶及以上桨多用于仿真机或者直升机，在实际中很少用到。不同桨叶数的桨如图 1-15 所示。

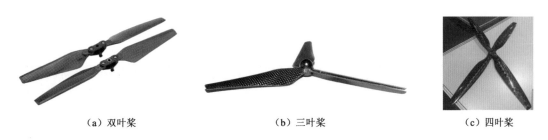

（a）双叶桨　　　　　　　　（b）三叶桨　　　　　　　　（c）四叶桨

图 1-15 不同桨叶数的桨

1.1.3　飞行控制系统

飞行控制系统是无人机完成起飞、空中飞行、执行任务和返场回收等整个飞行过程的核心系统。无人机飞行控制系统架构如图1-16所示,可以分为硬件层、软件驱动层、飞行感知与控制层、飞行任务层四大部分。

图1-16　无人机飞行控制系统架构

1.1.3.1　硬件层

硬件层指的是飞行控制系统的实体部分,其中包含主控单元、惯性测量单元、卫星定位模块、指南针模块、指示灯模块、电源管理模块、数据记录模块及各类传感器。主控单元好比电脑的CPU,负责飞行控制系统所有数据的计算工作。飞行控制系统上常用的陀螺仪、加速度计、磁力计、气压计、GPS及视觉传感器,它们好比人类的耳朵、鼻子、皮肤和眼睛,给人提供了视觉、听觉、嗅觉、触觉,如果失去了这些感觉,将无从感知自身的状态位置以及外界环境信息,从而失去了最基本的行动能力。飞行控制系统上的众多传感器正是起到这些作用,其中陀螺仪测量角速度,加速度计测量加速度(包括了重力加速度和运动加速度),磁力计可以测量地球磁场强度,从而得出飞机航向,而气压计测量气压强度,根据特定公式转换成相对高度,最后GPS及视觉传感器可以测量出飞机绝对和相对速度/位置信息。

以目前市面上主流的飞行控制器连接示意图为例演示整个系统的连接,如图1-17所示。

如图1-17所示,惯性测量单元以及卫星定位模块数据经整合后汇入主控;电源管理模块一侧连接主电源,一侧连接主控,对主控进行供电;所有的电子调速器(电子调速器,简称"电调",用于控制电机转速的电子元器件)接入主控,电调另外一侧接电机,主控通过对电调的控制进而对整个动力系统进行控制;指示灯模块连接至飞行控制系统中,为飞行控制系统的状态提供显示效果,方便操作人员快速了解飞行器状态。

1. 主控单元

主控单元是整个飞行控制系统的核心,如图1-18所示,负责传感器数据的融合计

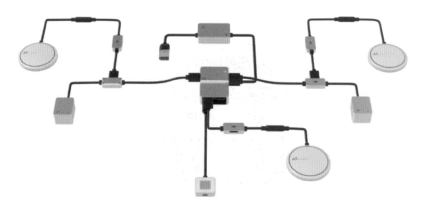

图 1-17　某主流飞行控制器连接示意图

算，实现无人机飞行的基本功能。通过主控单元将惯性测量单元（inertial measurement unit，IMU）、卫星定位模块（global navigation satellite system，GNSS）指南针、遥控接收机等设备接入飞行控制系统从而实现无人机的所有功能。除了辅助飞行控制以外，某些主控器还具备记录飞行数据的黑匣子功能。同时主控单元还可通过后续固件升级获得新功能。

图 1-18　主控单元

多旋翼无人机一般提供三种飞行模式，分别是 GPS 模式、姿态模式、RTK 模式。遥控器上方的飞行模式切换开关如图 1-19 所示。

（1）GPS 模式。GPS 模式除了能自动保持无人机姿态平稳外，还能具备精准定位的功能，且使无人机在该模式下能实现定位悬停、自动返航降落等功能。GPS 模式也就是 IMU、GNSS、磁罗盘、气压计全部正常工作且在没有受到外力的情况下（比如大风），无人机将一直保持当前高度和当前位置。此时主控单元定位模式的控制循环方式如图 1-20 所示。

在 GPS 模式中，主控单元进行数据处理和指令输出时，基于磁罗盘、IMU 和 GNSS 模块提供的环境数据进行指令输出后，需要对无人机输出的姿态和状态进行重新监测，形成一个定位及姿态控制闭环系统，一旦无人机状态（定位信息、航向信息、姿态信息等）与主控模块设定的状态不符，主控单元则可发出修正指令，对无人机进行状态修正。使得

图 1-19 遥控器上方的飞行模式切换开关

该模式下无人机具有比较强的自体稳定性。

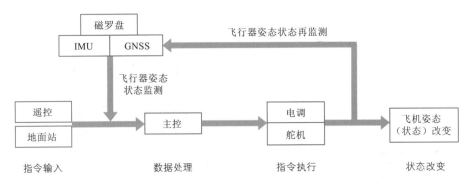

图 1-20 主控单元定位模式的控制循环方式

实际上，很多无人机的高级功能都需要 GNSS 参与才能完成，如大部分无人机的飞控系统所支持的地面站作业以及返回断航点功能，只有在 GNSS 参与的情况下无人机才能明确自己的位置以及航向。

GPS 模式也是目前多旋翼无人机使用最多的飞行模式，它在遥控器上的代码通常为 P。

（2）姿态模式。姿态模式能实现自动保持无人机的姿态和高度，但是，不能实现自主定位悬停。主控单元姿态模式的控制循环方式如图 1-21 所示。

在姿态模式中，主控单元进行数据处理和指令输出时，仅基于 IMU 模块提供的环境数据进行指令输出后，对无人机实时姿态进行监测，形成一个姿态控制闭环系统。无人机姿态信息与主控单元设定的状态不符时，主控单元则可发出姿态修正指令，对其进行姿态修正。在控制系统中使得该模式下无人机仅具有姿态稳定功能，不具备精准定位悬停功能。

大部分无人机普遍工作在 GPS 模式下，姿态模式只是作为应急时的飞行模式。

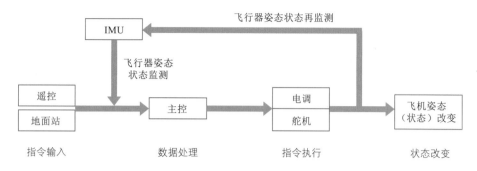

图 1-21　主控单元姿态模式的控制循环方式

（3）RTK 模式。在 RTK 模式中，基准站建在已知或未知点上；基准站接收到的卫星信号通过无线通信网实时发给用户；用户接收机将接收到的卫星信号和基准站信号实时联合解算，求得基准站和流动站间坐标增量（基线向量）。站间距 30km，平面精度 1～2cm。RTK 模式的控制循环方式如图 1-22 所示。A 代表用户。

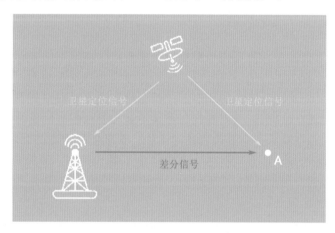

图 1-22　RTK 模式的控制循环方式

2. 惯性测量单元

惯性测量单元（IMU）如图 1-23 所示，包含加速度计、角速度计和气压高度计传感器，用于感应无人机的姿态、角度、速度和高度数据。

一个 IMU 包含了三个以上单轴的加速度计和三个以上单轴的陀螺，加速度计检测物体在载体坐标系统独立三轴的加速度信号，而陀螺检测载体相对于检测角速度信号的导航坐标系，它测量物体在三维空间中的角速度和加速度，并以此解算出物体的姿态，在导航中有着很重要的应用价值。

气压计是测量大气压强的设备，通常内置于 IMU 中，是保障无人机飞行高度及稳定性的传感器。

图 1-23　内置于主控单元中的
惯性测量单元

11

3. 卫星定位模块

卫星定位模块（GNSS）是全球定位系统，用于确定无人机的方向及经纬度，实现无人机的失控保护、自动返航、精准定位悬停等功能。其中GPS是由美国国防部研制建立的一种具有全方位、全天候、全时段、高精度的卫星导航系统，能为全球用户提供低成本、高精度的三维位置、速度和精确定时等导航信息。具体来讲GNSS系统能为无人机飞控系统提供的服务有：

（1）提供经纬度，使无人机能够获得地理位置信息，从而能够实现定位悬停以及规划航线飞行。

（2）提供无人机的高度、速度、时间等信息，向无人机提供信息支持，提高飞行稳定性。

在执行巡检作业过程中，应注意影响GNSS信号质量的因素，主要包括电气电磁干扰，无线电和强磁场也均会产生不同程度的干扰。在城市中，由于高层建筑为垂直建立，较少存在反射面，会导致GNSS信号强度降低，信号微弱会造成设备飘移。在峡谷中，周围有高山阻挡，因此卫星定位模块直接捕获的可能仅仅是头顶上的一到两颗星。

4. 磁罗盘模块

磁罗盘也被称为指南针，是利用地磁场固有的指向性测量空间姿态角度的。磁罗盘在无人机中的作用是负责为无人机提供方位，属于传感器。磁罗盘功能正常是无人机正常飞行的前提，因此一定要关注磁罗盘的状态，并根据操作要求及时对磁罗盘进行校正。地磁信号的特点是使用范围大，但是强度较低，甚至不到1Gs（电机里面的钕铁硼磁铁磁场可达几千高斯），因此非常容易受到其他磁体的干扰。铁磁性的物质都会对磁罗盘产生干扰，例如大块金属、高压电线、信号发射站、磁矿、停车场、桥洞、带有地下钢筋的建筑等。电磁信号复杂的钢结构厂房如图1-24所示，其电磁信号比较复杂，在这样的位置飞行时需谨慎留意磁罗盘的运行状态。

图1-24　电磁信号复杂的钢结构厂房

另外，不同地区的地磁信号会有细微差别，在南极北极地区，磁罗盘甚至无法正常使用。因此当使用多旋翼无人机从一个地点进入到另一个较远的地点时，应对磁罗盘进行校准，以保障其良好的工作性能。

5. 状态指示灯模块

状态指示灯模块（LED）如图 1 - 25 所示，其通过显示颜色、快慢频率、次数等来反馈无人机的飞行状态，用于实时显示飞行状态。是飞行过程中必不可少的显示设备，它能帮助飞手实时了解无人机的各项状态。

6. 电源管理模块

电源管理模块（power management unit，PMU）如图 1 - 26 所示，为整个飞行控制系统与接收机供电。

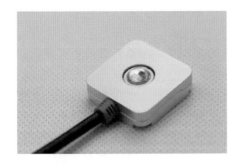

图 1 - 25　状态指示灯

图 1 - 26　电源管理模块

7. 数据记录模块

数据记录模块（IOSD）用于存储飞行数据。它可以记录无人机在飞行过程的加速度、角速度、磁罗盘数据、高度和无人机的部分操作记录。无人机出现故障时，维护人员可对数据记录模块中的飞行数据进行分析，发现故障原因。

1.1.3.2　软件驱动层

要让飞行控制系统工作，需要和最底层的寄存器打交道，传统的做法是根据单片机手册正确配置各个寄存器，使其能够按照指定频率工作并驱动各个外部设备。除此之外，飞行控制系统还需要和外界进行数据交互，比如解析接收机的 PWM/PPM/SBUS 信号，输出 PWM 信号给电调，发送数据给地面站/App，接收地面站的数据与指令。飞行控制系统上常用的数据通信接口有串口和 CAN 等。

1.1.3.3　飞行感知与控制层

飞行感知用来计算飞机在三维空间中的姿态。陀螺仪无疑是最重要的元件。将陀螺仪直接安装在飞机上，使它们处于同一坐标系，测量飞机的旋转角速度，再通过离散化数值积分计算，能得到某段时间内物体的旋转角度。优点在于陀螺仪数据精度较高，不会受到外界环境干扰，不依赖任何外部信号，对震动（线性加速度）不敏感。而缺点是只依靠陀螺仪无法确定初始姿态，由于各种误差的存在（传感器自身误差、积分计算误差等），积分得到的角度值会存在累积误差，且随着时间的增加而变大。尤其是当前使用的低成本 MEMS 陀螺仪，其自身的随机噪声误差就已经远大于数值计算误差了。

为了解决只依靠陀螺仪计算姿态而导致的累积误差和初始状态确定的问题，采用了三轴加速度传感器。加速度计主要用于测量加速度，当它静止时，输出重力加速度。根据三个轴上的重力加速度分量，能计算出当前飞机相对于地球的姿态角。虽然可以直接用加速度计计算出飞机姿态，但不能只用加速度计而抛弃陀螺仪。这是因为首先由于工作原理及制造工艺的影响，加速度计传感器的噪声通常比较大，其次加速度计对震动非常敏感，轻微的抖动便会引入大量的噪声，最后也是最重要的，实际上飞机并不是静止的，在飞行的过程中不断变化的运动加速度，均会被加速度计测量到，和重力加速度混合到一起，使得我们无法分辨出准确的重力加速度数值。换言之，虽然可以直接使用加速度计的数据计算出飞机的姿态，但大部分时间内加速度计的数据可信度都很低。

综上所述，陀螺仪的数据短期精度很高，长期存在累积误差，而加速度计对于姿态的测量短期精度很低，但长期趋势准确。结合这两个传感器的特性进行数据融合，最终计算得到一个相对精确的姿态值。

当计算得到飞机状态信息后，则可以对飞机进行控制了，也就是让飞机按照接收到的指令，往前、后、上、下飞，或悬停在某个地方不动，等等。多旋翼是一种不稳定的飞行系统，极其依赖电子化的自动控制，要以很高的频率不断调整多个电机的转速，才能稳定飞行器的姿态，而这是单靠人力很难完成的工作。旋翼飞行器上，依靠单片机精确的高速运算，配合电子调速器及高性能无刷动力电机，极大地降低了多旋翼的控制难度和成本。在运行过程中，把计算得到的飞机状态量作为控制器的输入量，从而实现飞机的自动闭环控制。其中包括角速度控制、角度控制、速度控制、位置控制，这几个控制环节使用串联的方式有机结合起来，实时计算得到当前所需的控制量，根据多旋翼的实际控制模型（四轴、六轴或八轴等），转换成每一个电机的转动速度，最终以 PWM 信号的形式发送给电调，各个控制环节所需频率，从一秒调整几十次到数百次不等。

1.1.3.4　飞行任务层

在飞行过程中有时候可能没有遥控指令的参与，这时便需要飞机自主完成飞行动作，如自动起飞、自动降落以及遥控器信号失联后的自动返航等。还有许多飞行任务是无法手动完成的，需要预先编写好任务程序，全自动执行。以最常见的测绘为例，通常需要在地面站软件上设置好测绘区域和参数，软件将自动生成飞行航线，其中包含了飞行路径、飞行速度、飞行高度和拍照间隔等信息，之后这些航线信息将会发送给飞行控制系统，然后飞行控制系统进入自动飞行模式，按照航线数据自主飞行，同时控制相机拍照。

1.1.4　地面站系统

地面站（ground station）也称为"任务规划与控制站"，它是整个无人机系统的指挥中心，其控制内容包括飞行器的飞行过程、飞行航迹、有效载荷的任务功能、通信链路的正常工作以及飞行器的发射和回收。任务规划主要是指在飞行过程中无人机的飞行航迹受到飞行计划指引；控制是指在飞行过程中对整个无人机系统的各个模块进行控制，按照操作手的预设要求，执行相应动作。地面站系统应具有以下几个典型的功能：

（1）姿态控制。地面站在传感器获得相应的无人机飞行状态信息后，通过数据链路将信息数据传输到地面站。计算机处理信息，解算出控制要求，形成控制指令和控制参数，再通过数据链路将控制指令和控制参数传输到无人机上的飞行控制系统，通过后者实现对无人机的操控。

（2）机身任务设备数据的显示和控制。有效载荷是无人机任务的执行单元。地面站根据任务要求实现对有效载荷的控制，如拍照、录像或投放物资等，并通过对有效载荷状态的显示，来实现对任务执行情况的监管。

（3）任务规划、位置监控及航线的地图显示。任务规划主要包括研究任务区域地图、标定飞行路线及向操作员提供规划数据等，方便操作手实时监控无人机的状态。

（4）导航和目标定位。在遇到特殊情况时，需要地面站对无人机实现实时的导航控制，使其按照安全的路线飞行。

1.1.5　链路系统

无人机数据链是无人机巡检系统的重要组成部分。地面控制系统与无人机之间进行的实时信息交换就需要通过通信链路来实现。地面控制系统需要将指挥、控制以及人物指令及时地传输到无人机上，无人机也需要将自身状态（飞行姿态、地面速度、相对于空气的速度、相对高度、设备状态、位置信息等）以及相关人物设备数据发回地面控制系统。

以往的航模无人机当中，地面与空中的通信往往是单向的，也就是地面进行信号发射，无人机在空中进行信号接收并完成相应的动作，地面的部分被称为发射机，空中的部分被称为接收机，因此这一类无人机的通信数据链只有一条，即遥控器上行链路。而多旋翼无人机地面操作人员不仅要求能控制无人机，还需要了解无人机的飞行状态以及无人机任务设备的状态，这就要求地面端能够接收多旋翼一端的数据，这就是常见的第二条数据链路，即数传上下行链路。同时无人机系统会回传机载摄像头拍摄的实时图像画面，方便操作手更便捷地了解此时无人机的飞机朝向并进行拍摄构图、记录，也形成了第三条图传链路，即图传下行链路。

1. 遥控器链路设备

遥控器与接收机共同构成控制通信链路，如图 1-27 所示。遥控器，也被称为发射机，负责将操作手的操作动作转换为控制信号并发射，接收机负责接收遥控信号。

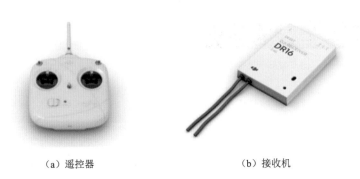

（a）遥控器　　　　　　　　　　　（b）接收机

图 1-27　控制通信链路的基本组成

遥控器的信号发射是以天线为中心的全向发射，在使用时一定要展开天线，保持正确的角度，如图 1-28 所示，以获得良好的控制距离和效果。其中全向天线会向四面八方发射信号，前后左右都可以接收到信号，定向天线就好像在天线后面罩一个碗状的反射面，信号只能向前面传递，射向后面的信号被反射面挡住并反射到前方，加强了前面的信号强度。因此全向天线在通信系统中一般应用距离近、覆盖范围大、价格便宜，增益一般在

9dB 以下；定向天线一般应用于通信距离远、覆盖范围小、目标密度大、频率利用率高的环境。

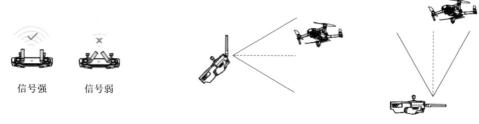

（a）信号示意　　　　　　　　　　　（b）最佳通信范围

图 1-28　平板天线正确使用方式

同一个厂家的同系列产品，其遥控器与接收机可以互相连通，这个连通的过程就是"对频"。对频是指将发射机与接收机进行通信对接，在对频之后该接收机即可接收该发射机发射的遥控信号。具体的对频方法，各个无人机品牌各有不同。

2. 图传通信链路设备

图传设备是将无人机所拍摄到的视频传送到地面的设备。常用图像通信链路设备如图 1-29 所示，主要包括图传电台、地面端显示设备。图像传输系统主要可以实现传输可见光视频、红外影像，供无人机操控人员操控云台转动到合适角度拍摄输电线路杆塔、通道的高清图像，同时辅助操控人员实时观察无人机飞行状况。

（a）地面端显示设备　　　　　　　　　（b）图传电台

图 1-29　常用图像通信链路设备

3. 数据通信链路设备

数据通信链路设备如图 1-30 所示，又可称为"无线数传电台""无线数传模块"，是指实现数据传输的模块。数据通信链路设备一般由地面模块及机载模块组成。某些品牌遥控器集成了数传电台功能，通过地面模块与机载模拟之间发送、接收信号实现远距离的遥控遥测。

4. 5G 下的链路系统

在电网无人机巡检环境＋5G 通信信号覆盖下，可以采用 5G 巡检无人机通过 5G 链路实现终端采集图像、视频信息实时回传和地面端远程无线距离控制。一方面，无人机搭载 5G 控制模组，5G 控制模块将飞机串口控制信号实时转换成 UDP 或 TCP 数据包，并通过 5G 基站向云端服务器进行发送；另一方面，远端地面控制站通过基站网络与云端服务器进行连接，并经过服务器与被控无人机建立连接链路，实现无人机通过 5G 链路的远程无限距离控制，远程管控平台通过网络与服务器进行连接，同时可根据无人机回传数据进行无人机飞行指令控制，为前端缺陷识别提供可靠决策方案。5G 下的链路系统如图 1-31 所示。

5G 巡检无人机在巡检系统中的应用，实现了 5G 无人机与控制台均与就近的 5G 基站连接，在云端部署边缘计算服务，实现视频、图片、控制信息直接回传，保障通信时延迟在毫秒级，通信带宽在 40Mbit/s 以上。基于边缘计算技术与 5G 网络的 eMBB 切片技术，构建适合无人机无线传输和数据处理的网络架构，实现无人机能够更加

图 1-30　数据通信链路设备

快捷地接受信息和任务指令，更好地解决数据问题，大大提升了数据处理效率，确保无人机行业应用的高可靠和低时延性，同时也能够保证数据传输、使用、存储的安全性。

图 1-31　5G 下的链路系统

1.1.6　任务设备

1. 可见光设备

可见光设备主要由云台或吊舱、相机共同构成。一体化的可见光设备云台与吊舱如图 1-32 所示。相机是可见光设备的主要构成，通过电子设备的转动、变焦和聚焦来成像，在可见光谱范围内工作，所生成的图像形式包括全活动视频、静止图片或两者的合成。云台是安装、固定摄像机的支撑设备，作用包括隔绝机身振动以提高成像质量，并且能够降低因为机身运动幅度过大而造成的画面抖动，最终提升成像质量。吊舱与云台相比，转动范围大、精度高、密闭性好，高质量吊舱对加工精度要求极高，更多考虑无人机的空气动

力学特性。在控制指令的驱动下，可实现吊舱对输电线路、杆塔和线路走廊的搜索与定位，同时进行监视、拍照并记录，有些吊舱还具备图像处理功能，实现对被检测设备的跟踪，可取得更好的检测效果。

相机为地面飞行控制人员和任务操控人员提供实时图像数据，同时提供高清静态照片，以供后期分析输电线路、杆塔和线路走廊的故障和缺陷。

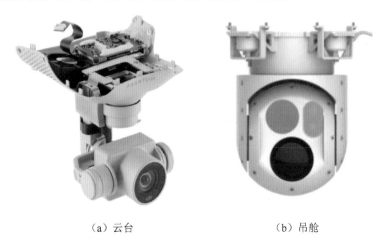

（a）云台　　　　　　　　　　　　　（b）吊舱

图 1-32　一体化的可见光设备云台与吊舱

2. 红外设备

红外设备在红外电磁频谱范围内工作。红外设备也称为前视红外设备，利用红外或热辐射成像。无人机采用的红外摄像机分为两类，即冷却式和非冷却式，冷却式摄像机生产图像的质量比非冷却式摄像机的要高。

红外设备的主要参数包括热灵敏度、有效焦距和分辨率。其中，热灵敏度代表红外设备可以分辨的最小温差，直接关系到红外设备测量的清晰度，热灵敏的数值越小，表示其灵敏度越高，图像更清晰。长焦镜头可提高远距离物体的辨识度，但会缩小视野范围；短焦镜头会扩大视野范围，但是会降低远目标的辨识度。分辨率即像素，分辨率越高，成像越清晰，观看效果越好。红外设备常见的分辨率有 240×180、320×240、384×288、640×480。红外设备及其拍摄效果如图 1-33 所示。

（a）红外设备　　　　　　（b）可见光效果　　　　　　（c）红外效果

图 1-33　红外设备及其拍摄效果

3. 激光雷达设备

激光雷达利用激光束确定无人机到目标的距离。激光指示器利用激光束照射目标。激光指示器发射不可视编码脉冲，脉冲从目标反射回来后，由接收机接收。然而，利用激光指示器照射目标的这种方法存在一定的缺点。如果大气不够透明（如下雨，有云、尘土或烟雾），则会导致激光的精确度欠佳。此外，激光还可能被特殊涂层吸收，或不能正确反射，或根本无法发射（例如照到玻璃上）。

LiDAR（图 1-34）是一种集激光、全球定位系统（GPS）和惯性导航系统（INS）三种技术于一身的系统，用于获得数据并生成精确的 DEM。这三种技术的结合，可以高度准确地定位激光束打在物体上的光斑。

图 1-34　激光雷达 LiDAR

LiDAR 系统包括一个单束窄带激光器和一个接收系统。激光器产生并发射一束光脉冲，打在物体上并反射回来，最终被接收器所接收。接收器准确地测量光脉冲从发射到被反射回的传播时间。因为光脉冲以光速传播，所以接收器总会在下一个脉冲发出之前收到前一个被反射回的脉冲。鉴于光速是已知的，传播时间即可被转换为对距离的测量。结合激光器的高度、激光扫描角度、从 GPS 得到的激光器位置和从 INS 得到的激光发射方向，就可以准确地计算出每一个地面光斑的坐标 X、Y、Z。激光束发射的频率可以从每秒几个脉冲到每秒几万次脉冲。举例而言，一个频率为每秒一万个脉冲的系统，接收器将会在 1min 内记录 60 万个点。

图 1-35　安装有激光雷达的无人机

激光雷达是一种工作在从红外到紫外光谱段的雷达系统，其原理和构造与激光测距仪极为相似。科学家把利用激光脉冲进行探测称为脉冲激光雷达，把利用连续波激光束进行探测称为连续波激光雷达。激光雷达的作用是能精确测量目标位置（距离和角度）、运动状态（速度、振动和姿态）和形状，探测、识别、分辨和跟踪目标。

激光本身具有非常精确的测距能力，其测距精度可达厘米级，而激光雷达系统的精确度除了激光本身因素，还取决于激光、GNSS 及 IMU 三者同步等内在因素。随着商用 GNSS 系统及 IMU 的发展，通过激光雷达从移动平台上（图 1-35）获得高精度的数据已经成为可能并被广泛应用。

1.2 无人机管控平台

1.2.1 台账模块

1.2.1.1 设备及无人机台账

无人机管控平台以权限控制的方式，对各单位所管辖的设备台账进行维护，通过与pms3.0系统贯通，实现台账数据的自动获取，并可对台账数据进行明细查看，可对线路所属杆塔进行查看、添加航线图、配置杆塔层级等操作，便于对台账数据的管理维护，也支持直接导入相关线路台账数据，多种数据获取方式保障台账数据准确性；还具备物理杆塔管理能力，对线路物理杆塔进行修改、新增、删除、基础信息维护等操作，便于避免数据重复提交与巡检照片重复标注与识别。同时，无人机管控平台还具备无人机及其载荷设备的台账管理，具备无人机型号注册、无人机型号添加、无人机型号查看、无人机型号修改、无人机绑定管理、维修保养、保养添加、保养修改、保养查看、备品备件管理等功能。设备台账管理界面如图1-36所示。无人机管理台账界面如图1-37所示。

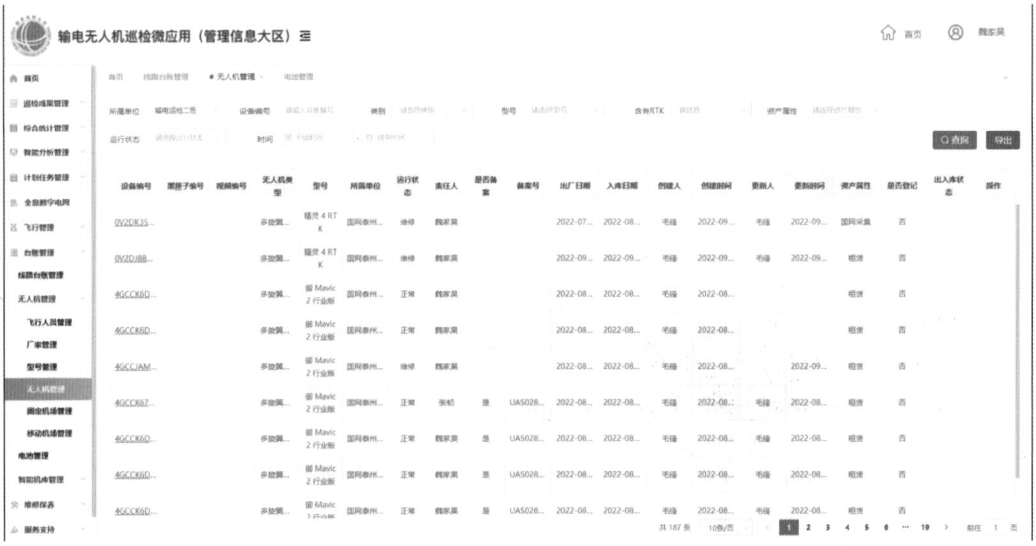

图1-36　设备台账管理界面

1.2.1.2 航线库管理

航线库管理分为航线录入和航线校核两个方面，其中航线录入是对存量航线文件和互联网大区传回的新航线进行航线文件与线路杆塔台账进行自动关联操作，并且将结果进行存储，形成线路杆塔航线库；航线校核是对存量航线文件和互联网大区传回的新航线进行航线文件与线路杆塔台账进行自动关联操作及人工审核，并且将结果进行存储，形成线路杆塔航线库。

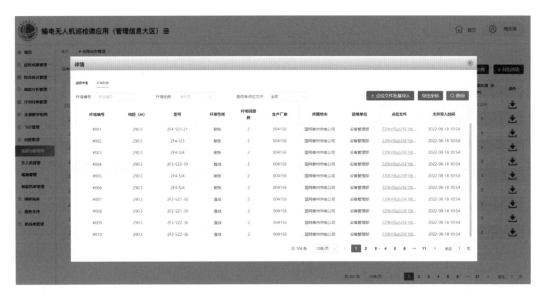

图 1-37　无人机管理台账界面

1.2.1.3　空域管理

飞行空域管理是对飞行空域申请任务进行新增、删除、修改、查看等操作，可实时查看各空域申请工单处理状态，并可按照年、月、周、日等维度对空域申请任务分析统计，实现飞行任务的管理。空域审核涉及作业单位、作业类型、作业机型、作业范围、飞行线路等信息，可批量审核、退回、导出等操作。

1.2.2　计划模块

计划模块包括作业计划创建、作业计划变更、作业计划上报、作业计划审批等功能，以无人机巡检系统融合业务中台账数据为基础，主体业务流程在无人机作业管理应用模块中开展，业务人员通过无人机巡检系统，对巡检年、月、临时巡检计划进行创建、变更、上报、审批。最后将审批之后的结果数据同步至业务中台，由业务中台进行统一数据汇总。

1.2.3　任务模块

1.2.3.1　巡检任务管理

根据巡视任务编制生成飞行工作单，工作单包括编号、班组、许可人、工作班、工作班成员、作业性质、无人机类型、无人机型号、空域范围、对应的工作任务等信息，上级角色可对下级角色创建的巡检工单详情及审核进度进行查看，满足不同管理角色对任务工单的分级管理。根据工单任务预置航线，支持自主巡检，巡检后的图片数据无需人工分类重命名，可自动关联线路杆塔。同时支持精细化巡检，根据点云数据提取航线轨迹，采集后的图片数据无需人工分类重命名可自动关联线路杆塔。支持三维激光扫描巡检，飞行后可将巡检成果上传，结合三维模型进行巡检数据应用展示。

1.2.3.2　作业任务管理

作业任务管理包括任务工单创建、任务工单执行、同步任务、任务同步工单、创建临时任务等功能，业务人员通过无人机巡检系统，对巡检任务进行创建周任务。最后将审批之后的结果数据，同步至业务中台，由业务中台进行统一数据汇总。

1.2.3.3　缺陷管理

可新建缺陷识别任务，利用缺陷识别字典进行缺陷的标注、上传，实现在系统中在线标注，对已经提交的缺陷识别任务进行缺陷图片的审核，记录系统中所有标注的缺陷信息；对各类缺陷算法进行管理、查看和分析，并做算法使用情况分析统计；根据用户需求选择字段，统计缺陷月报，列表统计展示缺陷用时、载入速度等信息，并可按单位、设备、缺陷等级等维度进行算法的统计分析。缺陷管理界面如图 1-38 所示。

图 1-38　缺陷管理界面

第2章
无人机巡检安全工作规程

2.1 无人机相关规程

2.1.1 民用无人机相关管理规定

2.1.1.1 《轻小无人机运行规定（试行）》

2015 年 12 月，中国民用航空局飞行标准司发布了《轻小无人机运行规定（试行）》（AC－91－FS－2015－31）（简称《运行规定》），明确了民用无人机的定义和分类，引入了无人机云的数据化管理，并分别在无人机驾驶员的操作资质、无人机的飞行空域等方面提出了运行管理要求。

《运行规定》将民用无人机划分为九类，见表 2－1。其中，空机重量和起飞全重小于 0.25kg 的为 I 类无人机；空机重量介于 0.25～4kg 之间、起飞全重介于 1.5～7kg 之间的为 II 类无人机；空机重量介于 4～15kg 之间、起飞全重介于 7～25kg 之间的为 III 类无人机。按照此分类，电力巡检用无人机主要为 II 类和 III 类无人机。

表 2－1　　　　　　　　　　　　　　　无人机分类等级

分类等级	空机重量/kg	起飞全重/kg
I	$0 < W \leqslant 0.25$	
II	$0.25 < W \leqslant 4$	$1.5 < W \leqslant 7$
III	$4 < W \leqslant 15$	$7 < W \leqslant 25$
IV	$15 < W \leqslant 116$	$25 < W \leqslant 150$
V	植保类无人机	
VI	无人飞艇	
VII	超视距运行的 I、II 类无人机	
VIII	$116 < W \leqslant 5700$	$150 < W \leqslant 5700$
IX	$W > 5700$	

《运行规定》强调，无论在视距内运行，还是在视距外运行，各类民用无人机必须将

航路优先权让与其他民用航空器，不能危害到空域的其他使用者和地面上人身财产安全。为避免民用无人机误闯误入，对民用无人机进行数据化管理，《运行规定》要求，Ⅲ类、Ⅳ类、Ⅵ类和Ⅶ类无人机及在重点地区和机场净空区以下运行的Ⅱ类和Ⅴ类无人机应安装并使用电子围栏、接入无人机云，定时反馈行为信息给无人机云。

2.1.1.2　《民用无人驾驶航空器实名制登记管理规定》

2017 年 5 月 16 日，中国民用航空局航空器适航审定司发布了《民用无人驾驶航空器实名制登记管理规定》（AP-45-AA-2017-03）（简称《管理规定》），明确了民用无人机实名登记流程和要求。

《管理规定》明确，在我国境内最大起飞重量为 250g 以上（含 250g）的民用无人机均应在无人机实名登记系统上实名制登记。实名登记的信息内容包括民用无人机制造商填报信息、个人民用无人机拥有者登记信息、单位民用无人机拥有者登记信息。民用无人机拥有者在无人机实名登记系统中完成信息填报后，系统自动给出包含登记号和二维码的登记标志图片，并发送到登记的邮箱。

《管理规定》要求，单位民用无人机拥有者在无人机实名登记系统中登记的信息包括单位名称、统一社会信用代码或者组织机构代码、移动电话、电子邮箱、产品型号、产品序号、使用目的等。

《管理规定》要求，民用无人机拥有者在收到系统给出的包含登记号和二维码的登记标志图片后，须将其打印为至少 2cm×2cm 的不干胶牌粘贴在无人机机身，且始终清晰可辨。民用无人机拥有者必须确保无人机每次运行期间均保持登记标志附着其上，民用无人机登记号和二维码信息不得涂改、伪造和转让。

2.1.2　民用无人机驾驶员相关管理规定

2018 年 8 月 31 日，中国民用航空局飞行标准司发布了《民用无人机驾驶员管理规定》（AC-61-FS-2018-20R2）（简称《管理规定》），明确了用于民用无人机系统驾驶员的资质管理，涵盖范围包括：①无机载驾驶人员的无人机系统；②有机载驾驶人员的航空器，但该航空器可同时由外部的无人机驾驶员实施完全飞行控制。

《管理规定》明确，中国民用航空局应为符合相应资格、航空知识、飞行技能和飞行经历要求的申请人颁发无人机驾驶员执照并确定等级。同时，《管理规定》也明确了执照有效期及其更新的要求，即无人机驾驶员执照有效期限为两年，期满前 3 个月内可以申请重新颁发执照。对于两年内在无人机云交换系统电子经历记录本上累积满 100h 飞行经历，且期满前 3 个月内累积满 10h 飞行经历的，可以免考申请重新颁发执照，不满足条件的，应通过相应的实践考试。执照过期的申请人须重新通过相应等级的理论及实践考试，方可申请重新颁发执照。

2021 年 12 月 23 日，中国民用航空局飞行标准司对《民用无人机驾驶员管理规定》进行第三次修订，发布了《民用无人驾驶航空器操控员管理规定》（征求意见稿），修订的主要内容包括修改"驾驶员"为"操控员"，设置执照种类以取代原分类等级，调整了大型无人机操控员执照训练和考试要求，采用了基于胜任力模型的训练方法，明确了电子飞行经历记录数据规范，提出了自动化执照实践考试相关要求，细化了实践考试标准执行要求，完善了委任代表管理规程，将考试点全面纳入局方管理体系以加强考试点评估规范性和服务标准化程度。

2.1.3 空域及空中交通相关管理规定

2.1.3.1 空域相关申请

为规范电力无人机作业飞行空域的申请和使用，保证无人机作业安全有序开展。2017年12月，国家电网运检部（现设备部）组织制定了《架空输电线路无人机作业空域申请和使用管理办法（试行）》（运检二〔2017〕158号）。

（1）空域申请。各省（自治区、直辖市）电力公司于每年11月5日前统一上报无人机年度作业计划及飞行空域申请文件，由相关部门汇总后统一提交至各战区空军参谋部航管处进行审批。空域申请文件内容通常包括作业单位、机型种类、操控方式、作业时间范围、作业区域编号、航线、高度及示意图，应急处置措施，联系人和联系方式等。

（2）计划申请。在批复许可的作业飞行空域内开展无人机作业时，省检修（或省送变电）和地市公司应在作业飞行前1天的15时前采用电话或传真等方式向作业飞行空域所属飞行管制分区进行作业飞行计划申请。在同一飞行空域范围内且连续多天开展的无人机作业，根据所属飞行管制分区意见申请常备计划（第一次申报时说明连续工作的起止日期。常备计划申请获批后，无需在每日作业飞行前1天的15时前申报飞行计划，在作业飞行当天进行飞行动态通报即可）。

（3）飞行申请。现场作业时，班组作业人员应与所属飞行管制分区建立可靠的通信联络，进行飞行动态通报。飞行动态通报一般包括：飞行前报备，通报飞行准备情况、当日预计作业时间；当日飞行结束时，通报作业结束时间。具体通报时间和内容按空域批复函要求执行。

2.1.3.2 空中交通相关管理办法

为进一步规范在民用航空使用空域范围内的民用无人驾驶航空器系统活动，确保飞行安全和地面安全，中国民航局空管行业管理办公室于2016年9月21日发布《民用无人驾驶航空器系统空中交通管理办法》（MD‐TM‐2016‐004）（简称《管理办法》）。

《管理办法》明确了无人驾驶航空器系统在民航使用空域运行评估的制度，由无人驾驶航空器系统运营人会同民航空管单位对空域内的运行安全进行评估并形成评估报告，由管理局对评估报告进行评审。《管理办法》还明确了评估需要包括无人驾驶航空器系统、飞行活动计划、空管保障措施、驾驶员和观察员、通信控制链路和应急处置程序等方面的内容。评估既为无人驾驶航空器飞行活动创造条件，又能有效控制运行风险，避免其与有人驾驶航空器以及其他无人驾驶航空器之间的运行矛盾，消除其对地面人员和设施安全的影响，特别是能有效保障机场周边净空保护区内的飞行安全。

《管理办法》中明确指出机场净空保护区以外民用航空使用空域范围以内，飞行高度120m以下，水平距离500m以内，空机重量7kg以下的无人驾驶航空器昼间在视距内的飞行活动，对其他航空器安全影响较小，在不影响地面人员和设施安全的情况下，可不进行专门评估和管理，由运营人保证其飞行安全。

2.2　电力安全工作相关规程

2.2.1　整体概述

为加强电力生产现场安全管理，规范各类工作人员的行为，保证人身、电网和设备安全，2005 年完成修订并出版了《国家电网公司电力安全工作规程》（以下简称"2005 年版《安规》"）。经过四年的实践，执行情况良好。随着电网生产技术快速发展，特别是跨区 ±500kV 直流输电工程、±800kV 直流输电工程、750kV 交流输电工程、1000kV 特高压交流试验示范工程的建设和投入运行，2005 年版《安规》在内容上已经不能满足电力安全工作实际需要。为此，由国家电网公司组织，在 2005 年版《安规》的基础上，进行了完善性修编，形成 2009 年版《安规》。为了进一步推进国家电网公司规程标准化工作，对 2009 年版《安规》稍做修改后，于 2012 年 5 月修编形成了企业标准版《电力安全工作规程》（报批稿）。2012 年 6 月通过了国家电网公司专家评审会审查，2012 年 8 月企业标准版《电力安全工作规程》（报批稿）上报。为适应公司"三集五大"体系建设及变电站无人值班等新形势，2013 年 6 月又对部分条文进行了修订及补充，完成企业标准版《电力安全工作规程》（报批稿）。2013 年 11 月 6 日，国家电网公司发布了《电力安全工作规程　变电部分》（Q/GDW 1799.1—2013）、《电力安全工作规程　线路部分》（Q/GDW 1799.2—2013）两项标准。

2019 年 8 月 12 日，国网江苏省电力有限公司印发《关于加强调相机等新设备新技术安全管理的通知》（苏电安〔2019〕612 号），通知基于《电力安全工作规程》对无人机巡检做了补充要求。

2.2.2　现场作业安全要求

无人机巡检作业人员应参加相应专业的知识培训并通过考试，取得双准入资格，熟悉巡检对象情况、熟悉无人机巡检系统，持有有效无人机驾驶证件。巡检作业应按口头命令或者使用工作单，变电站内工作应持有变电工作票。

工作负责人应始终在工作现场，对作业人员的操作进行认真监督，确保无人机巡检系统状态正常、航线和安全策略等设置正确。作业人员在操控或监视无人机飞行过程中，所处位置应当合理，活动范围内不得出现沟、渠、河道、建筑物等障碍物，以防人员跌落或碰撞伤害。

2.3　无人机安全工作相关规程

2.3.1　整体概述

无人机已成为电网巡检的重要方式，在国家电网公司系统内大规模应用。2015 年 11

月 7 日，国家电网公司发布了《架空输电线路无人机巡检作业安全工作规程》（Q/GDW 11399—2015），但由于无人机技术发展快，应用无人机开展巡检作业时，此标准在工作组织、人员配置、作业要求和技术条件等方面已不符合现场作业情况，且国家相关部门对空域申报与使用管理制度、无人机作业安全监管等提出了最新要求。

为进一步提升输电线路无人机巡检作业安全水平，确保人身、设备和电网安全，2020年开始对原标准进行修订，优化了无人机巡检作业工作机制，完善了无人机巡检作业的作业组织、作业安全、空域使用、巡检数据及设备管理等业务全流程管理，全面规范了无人机巡检业务开展。

2.3.2 安全要求

开展电网无人机巡检作业，应遵循空域申报要求、现场勘察要求、工作单要求、工作许可要求、工作监护要求、工作间断要求、工作票的有效期与延期要求、工作终结制度要求等。

2.3.2.1 空域申报要求

无人机巡检作业应严格按国家相关政策法规、当地民航军管等要求规范化使用空域。目前我国关于无人机空域管理的规定主要为《民用无人机驾驶航空器系统空中交通管理办法》（MD-TM-2016-004）。根据该办法，民用无人机的空域是临时划设的隔离空域，对于禁飞区没有进行明确的说明，只做了原则性规定，飞行密集区、人口稠密区、重点地区、繁忙机场周边空域为禁飞区。对于空域申请的规定也不甚明确，仍处于摸索和完善中，申请的流程、单位都未作说明，仅规定了向空域管理部门进行申报，由空管部门进行审核。这也导致了因申报流程不明确而不知如何申报或者因为申报程序烦琐而不进行申报。

在使用无人机完成大量巡检工作任务的同时，也存在"黑飞"现象。无人机"黑飞"不仅危害电力线路的安全运行，还对企业造成较大的社会舆情风险，甚至危害国家安全（比如进入国家禁飞区、军事禁飞区等敏感区域）。

因此，在应用无人机开展线路巡检作业前，应按相关要求办理空域申报。各无人机使用单位应建立空域申报协调机制，按需由属地单位统一报送申请，并密切跟踪当地空域变化情况。

2.3.2.2 现场勘察要求

电网作业具有点多、面广、线长、环境复杂、危险性大等特点，从众多事故案例分析，许多事故的发生，往往是作业人员缺乏事前危险点的勘察与分析、事中危险点的控制措施所致，因此作业前的危险点勘察与分析是一项十分重要的组织措施。

根据工作任务组织现场勘察，现场勘察内容包括核实线路走向和走势、交叉跨越情况、杆塔坐标、巡检区域地形地貌、起飞和降落点环境、交通运输条件及其他危险点等，确认巡检航线规划条件。对复杂地形、复杂气象条件下或夜间开展的无人机巡检作业以及现场勘察认为危险性、复杂性和困难程度较大的无人机巡检作业，应专门编制组织措施、技术措施、安全措施，并履行相关审批手续后方可执行。

2.3.2.3　工作单要求

为提高预防事故能力，杜绝人为责任事故，使用无人机巡检系统按计划开展的设备巡检、通道环境巡视、现场勘察和灾情巡视、检测检修作业等工作，需填写架空输电线路无人机巡检作业工作单，在突发自然灾害或线路故障等情况下使用起飞重量小于 1.5kg 的无人机开展视距内巡检作业可按口头命令执行。变电站内工作应按《电力安全工作规程变电部分》（Q/GDW 1799.1）要求填用变电工作票。

工作单的使用应满足下列要求：

（1）工作单应明确使用的无人机巡检系统类型及数量。

（2）一个工作负责人不能同时执行多张工作单。在巡检作业工作期间，工作单应始终保留在工作负责人手中。

2.3.2.4　工作许可要求

使用变电工作票，工作负责人在工作开始前应按《电力安全工作规程　变电部分》（Q/GDW 1799.1）要求申请办理工作许可手续，在得到工作许可人的许可后，方可开始工作。

2.3.2.5　工作监护要求

使用多旋翼无人机开展的架空输电线路巡检作业，可视工作性质和现场情况设置工作监护人。监护人应对作业过程、设备状态和作业人员操作情况进行全过程监护，及时纠正不安全行为，确保设备和人员的安全。

正常作业环境下，使用起飞重量小于 1.5kg 的多旋翼无人机开展视距内的架空输电线路巡检作业，可视工作性质和现场情况由工作班成员担任监护人，或不设监护人。其他情况下，使用多旋翼无人机巡检系统进行的架空输电线路巡检作业，应单独设置工作监护人。使用固定翼无人机和其他型无人机巡检系统开展的架空输电线路巡检作业，应单独设置监护人。

2.3.2.6　工作间断要求

在工作过程中，如遇雷、雨、大风以及其他任何情况威胁到作业人员或无人机巡检系统的安全，但可在工作单有效期内恢复正常时，工作负责人可根据情况间断工作，否则应终结本次工作。若无人机巡检系统已经放飞，工作负责人应立即采取措施，作业人员在保证安全条件下，控制无人机巡检系统返航或就近降落，或采取其他安全策略及应急方案保证无人机巡检系统安全。如无人机巡检系统状态不满足安全作业要求，且在工作单有效期内无法修复并确保安全可靠，工作负责人应终结本次工作。

已办理许可手续但尚未终结的工作，当空域许可情况发生变化不满足要求，但可在工作单有效期内恢复正常时，工作负责人可根据情况间断工作，否则应终结本次工作。若无人机巡检系统已经放飞，工作负责人应立即采取措施，控制无人机巡检系统返航或就近降落。

白天工作间断时，应将发动机处于停运状态、电机下电，并采取其他必要的安全措施，必要时派人看守。恢复工作时，应对无人机巡检系统进行检查，确认其状态正常，自主巡检作业时还应重新检查航线正常，即使工作间断前已经完成系统自检，恢复后也必须重新进行自检。隔天工作间断时，应撤收所有设备并清理工作现场。恢复工作时，应重新报告工作许可人，对无人机巡检系统进行检查，确认其状态正常，重新自检。

2.3.2.7　工作票的有效期与延期要求

一般来说工作票的有效截止时间，以工作票签发人批准的工作结束时间为限。工作票只允许延期一次。若需办理延期手续，应在有效截止时间前 2h 由工作负责人向工作票签发人提出申请，经同意后由工作负责人报告工作许可人予以办理。对于涉及空域审批的工作，还需由工作许可人重新向空管部门提出申请。

2.3.2.8　工作终结制度要求

工作终结后，工作负责人应进行工作总结，总结内容包括：工作负责人姓名、作业班组名称、工作任务（说明线路名称、巡检飞行的起止杆塔号等）已经结束，无人机巡检系统已经回收，工作终结。已终结的工作单应保存至少一年。

2.3.3　技术要求

2.3.3.1　航线规划要求

在获得飞行管制部门的许可后，作业人员要严格按照批复后的空域进行航线规划，作业人员根据巡检作业要求和所用无人机的技术性能规划航线。规划的航线应避开空中管制区、重要建筑和设施，尽量避开人员活动密集区、通信阻隔区、无线电干扰区、大风或切变风多发区和森林防火区等地区。对于首次开展无人机巡检作业的线段，作业人员在航线规划时应当留有充足裕量，与以上区域保持足够的安全距离。

在规划自主巡检模式的航线时，应充分考虑无人机巡检系统在航点之间转移时与线路设备的安全距离，合理设置辅助点。对规划完成的自主巡检航线要进行模拟校验，对有碰撞风险的航线应合理调整。对首次调用、执行实际飞行的巡检作业航线，应由经验丰富的巡检人员对巡检过程安全性进行验证，验证时适当调低飞行速度，按照航巡监控要求对巡检过程进行监控，如存在安全隐患则应调整航线。

无人机起飞和降落区要远离公路、铁路、重要建筑和设施，尽量避开周边军事禁区、军事管理区、森林防火区和人员活动密集区等，且满足对应机型的技术指标要求。

在遇突发情况时，可在无人机巡检系统飞行过程中更改巡检航线，避免发生意外。

2.3.3.2　安全策略设置要求

无人机在飞行过程中，遇到恶劣环境或突发情况，比如阵风、遮挡、电子元器件故障等，容易导致飞行轨迹偏离航线、导航卫星颗数无法定位、通信链路中断、动力失效等故障。出现以上任何一种情况，都将危及巡检作业安全，造成无人机坠机或撞击输电线路，甚至引发更大规模的次生危害。

考虑到巡检过程中气象条件、空间背景或空域许可等情况发生变化的可能，作业人员在开展无人机巡检作业时，要提前设置合理的安全策略。通过设置合理的安全策略，可确保作业过程中无人机的飞行安全，并保障作业人员有效完成巡检作业。

无人机巡检系统执行的安全策略主要有悬停、下降和返航策略。即无人机巡检系统检测到异常状态量达到预设值时，采取原地空中等待、原地空中下降和返回起降点执行动作。但以上这几种策略，都必须以导航系统功能正常为前提。

2.3.3.3　航前检查要求

作业前，要对天气、巡检任务、作业环境和无人机巡检系统进行检查，检查作业现场天气情况是否满足作业条件，雾、雪、大雨、冰雹、风力大于 10m/s 等恶劣天气不宜作业，检查巡检作业线路杆塔的类型、坐标及高度、线路周围地形地貌和周边交叉跨越情况。检查现场安全措施是否齐全，禁止行人和其他无关人员在作业现场逗留，时刻注意保持与无关人员的安全距离。避免将起降场地设在巡检线路下方、交通繁忙道路及人口密集区附近。

检查无人机巡检系统各部件是否正常，包括无人机本体、遥控器、云台相机、存储卡、电池电量等，检查无人机各处接线是否出现断裂、松动、崩脱。检查无人机各电机转向是否正确，巡检系统内各项设置是否正常，包括 RTK 是否连接成功、视觉避障是否开启、飞行器限高设置、指南针校准等。

2.3.3.4　航巡监控要求

开展无人机巡检作业时，作业人员要核实无人机巡检系统的飞行高度、速度等应满足该机型的技术指标要求，且满足巡检质量要求。无人机巡检系统放飞后，可在起飞点附近进行悬停或盘旋飞行，待作业人员确认系统工作正常后方可继续执行巡检任务。若发现异常，要及时降落，排查原因并进行修复，在确保安全可靠后方可再次放飞。

无人机巡检系统飞行时，作业人员要始终注意观察无人机巡检系统飞行姿态、发动机或电机运转声音等信息，判断系统工作是否正常，要实时监控飞行数据记录模块获取的无人机飞行状态、实时位置、飞行航迹等信息，若无人机航迹偏离预设航线、超出允许作业范围或飞入禁飞区时，应立即采取措施控制无人机按预设航线飞行，并判断无人机状态是否正常可控。如无法正常可控，立即采取措施控制无人机返航或就近降落，待查明原因，排除故障并确认安全可靠后，才可以重新放飞执行巡检作业。

采用自主飞行模式时，作业人员要始终掌控遥控手柄，且处于备用状态。作业人员要密切观察无人机巡检系统航迹，若触发无人机巡检系统避障功能，观察能否执行可靠安全策略。突发情况下，可通过遥控手柄立即接管控制无人机飞行。

采用增稳或手动飞行模式时，在目视可及范围内，作业人员应密切观察无人机巡检系统遥测信息和周围环境变化，跨越障碍物宜采用上跨方式，若采用下穿方式，要充分考虑通信链路可能受到的衰减影响。

2.3.3.5　航后检查及维护要求

当天巡检作业结束后，应清理现场，核对设备和工器具清单，确认现场设备无遗漏。要按所用无人机巡检系统要求进行检查和维护工作，对外观及关键零部件进行检查。要及时将电池从无人机巡检系统里取出，取出的电池应按要求保管，并定期进行充、放电工作，确保电池性能良好。

对于无人机自主巡检作业，应对作业航线进行检查、分析，若有调整应及时更新航线数据库中的对应信息。

无人机回收后，应按照相关要求放入专用库房进行存放和维护保养。维护保养人员应严格按照无人机正常周期进行零件维修更换和大修保养，定期对无人机进行检查、清洁、润滑、紧固，确保设备状态正常。如长期不用应定期启动，检查设备状态。若出现异常现象，应及时调整、维修。

第3章
无人机操作技术

3.1　无人机飞行操作

无人机飞行操作是指无人机操作人员在地面通过无线电链路监督控制无人机飞行的整个过程，主要包括起降操纵、飞行控制、任务设备（载荷）控制和数据链管理等。通常这个过程在地面控制站内完成，地面控制站内的飞行控制席位、任务设备控制席位、数据链路管理席位都设有相应分系统的操作装置。

无人机飞行操作特指对于无人机飞行的控制操作，其内容包括航线的预设装订、修改、变更，飞行状态监控，指令引导控制，遥控飞行，辅助起降等。

无人机目前应用较为广泛的主要有旋翼类和固定翼类两种类型，下面以旋翼类中的多旋翼以及固定翼为例进行阐述。

3.1.1　多旋翼无人机飞行基础

具备三个或者三个以上旋翼轴的无人机称为多旋翼无人机，多旋翼无人机是由电动机或发动机的旋转带动旋翼旋转，依靠多个旋翼产生的升力平衡自身的重力来飞行。电网无人机巡检中多使用四旋翼无人机。

该操作要求熟练掌握主要型号多旋翼无人机飞行操控技能；在距离20m处，能以增稳（姿态）和手动两种飞行模式熟练完成定点悬停操作，悬停高度为5～10m，且水平方向偏差不大于1.5m，垂直方向偏差不大于2m；在最小距离20m处，能以增稳（姿态）飞行模式熟练完成4m×4m正方形双向（顺/逆时针）航线飞行，且水平方向最大偏差不大于1.5m，标准差不大于0.75m，垂直方向最大偏差不大于2m，标准差不大于1m。

以四旋翼为例，旋翼对称分布在机体的前、后、左、右四个方向，四个旋翼处于同一高度平面，且四个旋翼的结构和半径都相同，四个电机对称地安装在飞行器的支架端，支架中间的空间安放飞行控制计算机和外

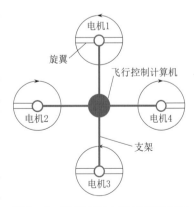

图3-1　四旋翼无人机结构形式图

部设备。四旋翼无人机结构形式如图 3-1 所示。

四旋翼飞行器通过调节四个电机转速来改变旋翼转速，实现升力的变化，从而控制飞行器的姿态和位置。其主要的运动形式有垂直运动、俯仰运动、滚转运动、偏航运动、前后运动和侧向运动，运动形式如图 3-2 所示。

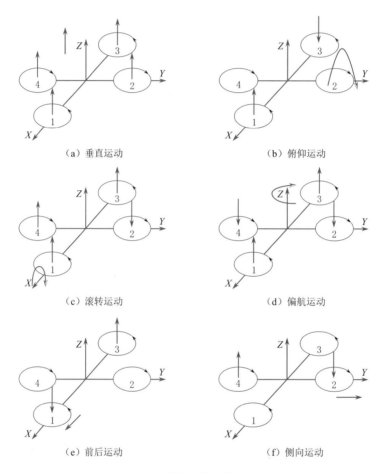

（a）垂直运动　　　　　　　　　　（b）俯仰运动

（c）滚转运动　　　　　　　　　　（d）偏航运动

（e）前后运动　　　　　　　　　　（f）侧向运动

图 3-2　四旋翼无人机的运动形式

3.1.1.1　多旋翼无人机起降

该操作要求熟练掌握主要型号多旋翼无人机起飞和降落相关的操作技能；熟练掌握遥控器一键返航、地面站一键返航等操作技能；在距离 10m 处，能以增稳（姿态）和 GPS 两种飞行模式在直径 2m 圆形区域内熟练完成定点起飞和降落操作。

起飞与降落是飞行过程中首要的操作。在距离无人机 10m 处，解锁飞行控制系统，缓慢推动油门等待无人机起飞，防止飞行器由于油门过大而失去控制。无人机起飞后，不能保持油门不变，而是在无人机到达一定高度，一般离地面约 1m 后开始降低油门，并不停调整油门大小，必须控制油门才可以保证无人机飞行的高度。降落时，降低油门使飞行器缓慢接近地面，离地面约 5～10cm 处稍稍向上推动油门，延缓下降速度，然后继续降低油门直至无人机降落到指定区域内触地（触地后迅速将油门收底）；油门降到最低，飞行控制系统自行锁定。相对于起飞来说，降落是一个更为复杂的过程，需要反复练习。

在起降操作中需注意保持无人机的稳定，飞行器摆动幅度不宜过大，否则有螺旋桨触地损坏的可能。在掌握基础的无人机起降操作外，飞行人员还需掌握以下特殊情况下的起降操控：

（1）能够模拟旋翼无人机在应急情况下的遥控器一键返航或失控保护操作，完成定点降落。

（2）能够模拟旋翼无人机在应急情况下的地面站自主起降、一键返航操作，并能够完成定点降落。

3.1.1.2　多旋翼无人机水平360°原地自旋

该操作要求学员能够以增稳（姿态）飞行模式熟练操控主要型号多旋翼无人机完成水平360°原地自旋动作，且无人机飞行动作连贯、速度均匀、水平和垂直方向最大偏差均不大于1.0m，操作时间不小于20s且不超过30s。

3.1.1.3　多旋翼无人机"8"字形飞行

该操作要求能够以增稳（姿态）飞行模式操控主要型号多旋翼无人机熟练完成水平"8"字形（左、右两圆直径均为10m）正飞和退飞动作。飞行过程中，无人机始终为"有头"模式，且关闭任务设备和定高辅助等模块；"8"字形飞行起始点高度为2～5m，无人机飞行动作应连贯、速度均匀、机头方向与飞行方向一致；飞行航迹水平偏差最大不超过0.5m、垂直偏差最大不超过1.0m；完成时间为3min45s（含）至4min45s（含）之间。

"8"字形航线主要考察学员方向舵、升降舵、副翼舵和油门之间的配合。无人机升空后，在保持升降舵使无人机前进的基础上，使用方向舵配合副翼进行转弯，在水平方向上，顺时针/逆时针完成一个"8"字形航线。"8"字形航线飞行的技巧在于：控制飞机前飞速度，并在飞行过程中不断纠正飞行姿态和方位，能够做到"8"字形航线的速度一致、高度一致、左右转弯半径一致、转弯坡度一致，并将"8"字形交叉点放在飞手的正前方。多旋翼水平"8"字形飞行示意图如图3-3所示。

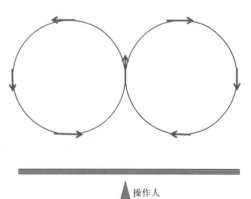

操作人

图3-3　多旋翼水平"8"字形飞行示意图

3.1.2　固定翼无人机飞行基础

该部分要求熟练掌握主要型号固定翼无人机飞行操控技能；能以全自主和增稳（姿态）两种飞行模式熟练完成50m×50m正方形双向（顺/逆时针）航线飞行；熟练掌握全自主飞行模式下定点盘旋操作。

对于垂直起降固定翼机，要能够完成地面站50m×50m正方形航线规划，能够以全自主和增稳（姿态）两种飞行模式熟练完成方形双向（顺/逆时针）航线飞行，能够在地由站熟练掌握全自主飞行模式下定点盘旋操作。

相比旋翼类无人机，固定翼无人机在起飞和降落的方式选择上有更大的优越性。常见的起飞方式主要有滑跑起飞、弹射起飞和手抛起飞等，降落方式主要有滑跑降落、伞降、机腹擦地降落和撞网回收等，垂直起降固定翼采用的是新型垂直起降方式，但无论是哪一种起飞和降落方式，手动控制都是无人机驾驶员必不可少的一项基本能力。固定翼无人机的操纵方式如图 3-4 所示。

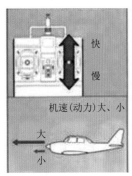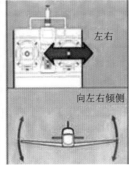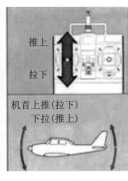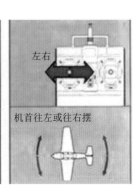

(a) 发动机（电动机）　　(b) 副翼操纵杆　　(c) 升降舵操纵杆　　(d) 方向舵操纵杆

图 3-4　固定翼无人机的操纵方式

对于固定翼无人机而言，飞行基本上分起飞、空中转弯和降落三个阶段。起飞和降落无疑是无人机驾驶员操控固定翼无人机最重要的部分，其操作要领为"逆风起飞，逆风降落"。下面以空中转弯为例说明固定翼无人机的飞行控制原理。固定翼无人机转弯操作如图 3-5 所示。

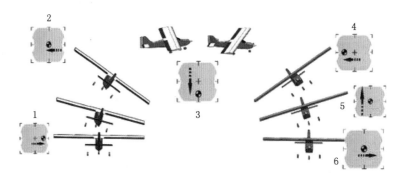

图 3-5　固定翼无人机转弯操作
1、2、4、6—副翼；3—升降舵；5—升降舵

固定翼无人机在空中盘旋时所使用的操控舵有两种，即升降舵和副翼舵。它并不像车子和船只用方向舵来改变方向，而是靠副翼来实现左右摆动，并由升降舵来维持盘旋高度的。当然，无副翼无人机是用方向舵使机体转弯的。可是，大部分固定翼无人机在打了方向舵之后和机身要转弯之前，会有一些时差。也就是说，在操控手打了方向舵之后，隔了一段时间才会看到机体明显的转弯动作。而就飞行经验来说，使用方向舵来转弯，虽然机

身不会下降高度，但是往往转弯半径会很大，使得操控员不太习惯。这点与稍微打一点副翼舵飞机就会有明显的倾斜，效果是完全不同的。

固定翼无人机飞行中常说的五边航线示意图如图 3-6 所示。

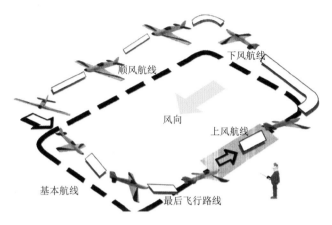

图 3-6　五边航线示意图

1. 起飞要领

此操作要求能够熟练掌握主要型号固定翼无人机起飞和降落相关操作技能。固定翼无人机的起飞方式（发射方式）可归纳为手抛发射、零长发射、弹射发射、起落架滑跑起飞、垂直起飞等类型。对于小型固定翼无人机来说，当起降的风速在 10m/s 以下，风向夹角小于 30°，环境温度在 −40～50℃ 范围内均能起飞。

固定翼无人机的降落方式可归纳为伞降回收、空中回收、起落架滑跑着陆、拦阻网回收、气垫着陆和垂直着陆回收等类型。有些小型无人机在回收时不用回收工具而是靠机体某部分直接触地回收飞机，采取这种简单回收方式的无人机通常机重小于 10kg，最大特征尺寸在 3.5m 以下。固定翼的起飞要领：

（1）起飞前必须确认风向。所有飞机起飞均对正向迎风面才有适当的浮力，降落也要正面迎风，否则易因风速与机速相同时浮力骤降，造成失速坠毁。

（2）起飞动力一定要够。风大时浮力够，飞机可以轻轻丢出，或是地面起飞时只需 1/2 油门即可浮起，风小时必须加大动力，才会有足够的浮力将飞机浮起。

（3）起飞离地后飞机迎角。飞机起飞后需注意油门大小与飞机上升攻角的搭配（升降舵控制飞机上升的攻角），切勿突然加大飞机上升攻角，易造成飞机失速，初学尽量以小动作控制升降舵使飞机呈现稳定上升状态。

（4）注意高度。起飞后注意飞机高度，切勿忽上忽下，宜将飞机先拉高至安全高度后再开始后续巡航等动作。

（5）起飞离地时需注意随时修正机体副翼动作。有些时候因反扭力造成飞机一离地就往左边偏，反扭力过大时甚至可能一离地就左旋坠毁（需看螺旋桨与马达搭配问题，螺旋桨与飞机翼展比例而言，螺旋桨越大的反扭力越大），适时的左右修正可使飞机姿态呈现平稳的上升动作。

（6）尾舵控制。一般地面起飞的飞机最好安装尾舵以控制动作，地面起飞时先慢慢加油门,然后用尾舵控制机头方向正向逆风后,慢慢加大油门,直到建立起飞速度后慢慢拉起升降舵使飞机起飞。

2. 特殊起降操作

除掌握基础的固定翼无人机起降动作外,飞行人员还需重点掌握以下特殊情况下的起降操控:

(1) 能够模拟固定翼无人机在应急情况下的遥控器一键返航或失控保护操作,完成定点降落。

(2) 能够模拟固定翼无人机在应急情况下的执行地面站自主起降、一键返航操作,并能够完成定区域回收。

(3) 能熟练完成主要型号固定翼无人机弹射和手抛起飞、机腹擦地降落和伞降等操作。

3.1.3　无人机第一视角飞行

第一视角相当于"第一人称",即指以本人亲眼所见的角度对客观事物进行观察或描

图 3-7　无人机第一视角飞行

述。无人机第一视角相当于飞行员视角,无人机第一视角飞行是在无人机上安装一个无线摄像头,连接在地面站显示器或者头戴式显示器上。无人机第一视角飞行基本要求如下:

在操作过程中能熟练以第一视角飞行模式操控主要型号多旋翼和固定翼无人机完成起飞、飞行和降落动作;操控员可在无人机第三视角画面丢失的情况下,通过图传和数传显示的无人机第一视角画面和姿态等信息将无人机操控返航,如图 3-7 所示。熟练操控无人机返航至目视范围,多旋翼无人机返航高度不小于 15m、固定翼无人机返航高度

不小于 50m,实际返航航线与直线返航航线夹角均不大于 45°。

3.1.3.1　预先准备

预先准备阶段主要掌握航线规划、标准操作程序与应急操作程序的准备工作,应掌握的人物航线包括闭合多边形、多选段非闭合航线、扫描航线的规划方法以及经纬度的换算知识,规划航线期间应检查航线的可实施性和安全性。航线的安全性包括但不限于满足空域要求、禁飞区要求和人口稠密区要求,规划的航线不能产生不安全的后果。

在设置航线高度的过程中,要求根据场地情况进行高度补偿,之后航线应设置飞行器性能允许下的高度变化,变化幅度应目视观察可见。

3.1.3.2　飞行前准备

飞行前应事先检查好无人机系统状态,包括但不限于结构、动力、电池、螺旋桨、自动驾驶仪、数据链路的完整性等,并设置应急返航点,之后完成任务上传。

3.1.3.3　飞行实施

飞行实施阶段包括内容：

（1）操控地面站在 GPS 模式下使无人机自动起飞，按规划航线执行飞行任务。

（2）在地面控制站监控仪表，正确识别飞行数据、飞行的正常和故障状态。

（3）操控无人机在模拟位置信息丢失的情况下，仅参照图传和数传地面站显示的航向、姿态和速度等信息，以姿态模式遥控操纵无人机返航至目视范围。要求为多旋翼无人机保持返航高度不小于 15m 以内超视距飞行，固定翼无人机返航高度不小于 50m，在切换姿态模式开始的 60s 内实际返航航线航向与直线归航航线角误差应不超过 ±45°。

（4）操控地面站在 GPS 模式下使无人机自动安全降落。

3.1.4　无人机自主巡检技术

由于 RTK 精准定位技术的逐步成熟，无人机自主巡检技术也迎来了发展的黄金时期，各种基于精准定位的无人机自主巡检技术已开始应用于输电线路精细化巡检。当前最主流的方式为航线学习记忆方式，此方式可进行二次复飞。该无人机自主巡检技术具备航迹学习记忆、自主起降、自动飞行、自动拍摄等功能，初步实现了输电线路自主巡检功能。其特点如下：

自主巡检模块应具备在不借助其他基站设施的情况下直接接入网络 RTK 平台的功能，并获取网络 RTK 数据用于高精度定位，其导航模块应同时支持北斗、GPS、GLO-NASS 等导航定位系统；自主巡检模块具备可适配避障模块的通信接口，可根据避障模块的数据进行主动避障；自主巡检模块应具备失控保护、一键返航、电子围栏、链路中断返航、断桨保护等多种安全保护措施。

另外，多旋翼无人机不间断巡检系统解决方案的出现，提供了另一种更为智能的自主巡检解决方案。该系统是以无人机为载体，以无人机机库作为辅助，通过中央控制室实现无人机全自动、智能化输电线路超视距巡检的作业能力，实现电力巡检无人机的全自动快速更换电池功能，实现根据巡检功能需求的全自动更换吊舱的功能。结合电网现有的异常识别平台，积累电网巡检数据库，逐步可以实现典型缺陷、显著隐患的实时智能识别。此外，增加相应的日常飞行巡检管理模式、安全作业应急飞行模式，结合国网电力运检核心系统，形成巡检作业的输电线路全流程闭环体系，彻底打通"空中巡检—实时数据回传、处理—远程数据管理—指导消除电网异常—大数据分析—可视化报告"的完整生态链条，从根本上解决输电运检在当前条件下难以高质量完成周期巡视计划的难题。

无人机作业流程设计如下：

（1）自主从机库中起飞。

（2）自主巡线路径导航巡检飞行与拍照。

（3）无人机能够自主精准降落机库。

（4）无人机进入机库后能够自主更换电池并可以短时间内再次起飞巡检。

（5）无人机进入机库后能够自主更换吊舱（自动换工具）以支持白天与黑夜 24h 的日夜定时巡航。

（6）实现无人机的任务无需人员出门控制，只需坐在中控室即可观看实时回传图像和巡检视频。

（7）指导无人机采集相应的电网正常数据与异常数据，并建立无人机空中电力巡检图像数据库。

（8）依据数据库逐步通过计算机进行深度学习算法训练，得出异常目标检测模型，使得无人机对电网异常的检测逐步实现自动化报警（此步骤需采用电网现有图像识别检测平台）。

（9）无人机发现异常后，在中控室可以获取异常点位的经纬度坐标数据，实现对电力检修人员有针对性地调度。

（10）无人机日常的定期自动巡检可以自动飞行完成，一旦发现电网可疑异常可以接受中控室人员的实时切换控制，人工悬停飞行进行精细巡检。

3.2　拍摄技术

3.2.1　可见光成像设备设置和拍摄

3.2.1.1　相关术语

可见光成像设备的主要技术参数包括曝光、对焦、白平衡、EV 值等。

1. 曝光

曝光三要素为光圈、快门、ISO（三个因素决定了曝光量，或者说，已知任意两个参数，可以唯一确定另外一个）。

（1）光圈。光圈是一个用来控制光线透过镜头进入机身内感光面光量的装置，它通常是在镜头内。一般用 f ＋数值表示光圈大小，光圈 f 值＝镜头的焦距/镜头光圈的直径。f 值通常包含 $f1.0$、$f1.4$、$f2.0$、$f2.8$、$f4.0$、$f5.6$、$f8.0$、$f11$、$f16$、$f22$、$f32$等，光圈值越小，镜头中通光的孔径就越大，相比光圈值大的光圈进光量就越多。

（2）快门。快门是拍摄照片时控制曝光时间长短的参数。过快的快门速度会导致照片成像时进光量不足，照片曝光度不足，图片偏暗。过慢的快门速度会导致照片进光时间过度，照片过曝，可能造成照片拖影，影响分辨。

（3）ISO。感光度又称 ISO 值，可以衡量底片对于光的灵敏程度，为了减少曝光时间，使用相对较高敏感度通常会导致影像质量降低，易出现噪点。在拍照时，光圈大小可以决定照片的亮度（通光量），同时也决定了照片的背景/前景虚化效果（景深透视）；快门速度同样可以决定照片的亮度，但是也同时受限制于具体拍摄需要，例如必须使用慢速快门拍摄或者高速快门抓取瞬间的情况。因此在调节这两个曝光要素时，需要考虑到它们会影响到照片其他方面的效果。ISO 和它们不一样，它不会受限于其他因素，只需根据自己的需要来自由调节它的大小。

控制 ISO 是在控制相机传感器对当下光线的敏感程度，ISO 设置越高，敏感度越高，如果要保证照片有一定的曝光量，需要的快门速度不用那么慢，或者光圈不用那么大；ISO 设置越低，敏感度越低，如果要保证照片有一定的曝光量，需要的快门速度和光圈大小都需要更慢或者更大。

在传统意义上讲，低 *ISO* 是指 *ISO* 为 $50\sim400$，高 *ISO* 是指 *ISO*>800。使用低 *ISO* 能拍摄出相对细腻的画质，使用高 *ISO* 能在光线不足的情况下将快门速度保持在安全快门以内，保证画面"不糊"。在光线充足的时候，建议使用较低的 *ISO* 拍照；在光线昏暗的时候，推荐使用较高的 *ISO* 拍照。

2. 对焦

对焦就是通过改变镜头与感光元件之间的距离，让某一个特定位置的物体通过镜头的成像焦点正好落在感光元件之上，获得最清晰的影像。由于无限远的平行光线通过透镜会落在镜头焦距的焦点上，因此一般的泛对焦说的就是对焦在无限远，也就是感光元件放在离镜头焦距远的位置上。这样近处物体的成像焦点就落在了感光元件后面，造成成像模糊。而通过对焦把感光元件和镜头间的距离加大，就可以得到清晰的成像。通常数码相机有多种对焦方式，分别是自动对焦、手动对焦和多重对焦。

（1）自动对焦。传统相机采取一种类似目测测距的方式实现自动对焦，相机发射一种红外线（或其他射线），根据被摄体的反射确定被摄体的距离，然后根据测得的结果调整镜头组合，实现自动对焦。

（2）手动对焦。通过手工转动对焦环来调节相机镜头从而使拍摄出来的照片清晰的一种对焦方式，这种方式在很大程度上依赖人眼对对焦屏上影像的判别以及拍摄者的熟练程度甚至拍摄者的视力。

（3）多重对焦。很多数码相机都有多点对焦或者区域对焦功能。当对焦中心不在图片中心时，可以使用多点对焦或者多重对焦功能。

3. 白平衡

数码相机是机器，不像人眼可以对周围光线的颜色进行自动调整适应。因此有时候拍出来的照片，色调可能会不够理想，白平衡功能正是为了拍出理解色调。

所谓色温，从字面理解就是颜色的温度。温度有分冷暖，红黄棕这些颜色被称为暖色，而青蓝绿这些颜色被称为冷色，色温的单位是 K，K 的含义是绝对温度（Kelvin），是量度色温的单位。色温数值越低越偏向红色（越暖），数值越高则越偏向蓝色（越冷）。一些色温常见实例见表 3-1。

表 3-1　　　　　　　　　　　色 温 常 见 实 例

色　温	常　见　实　例
16000～20000K	天空碧蓝的颜色
8000K	浓雾弥漫的颜色
6500K	浓云密布的颜色
6000K	略有阴云的颜色
5500K	一般的日光，电子闪光灯颜色
5200K	灿烂的正午阳光颜色
5000K	日光，这是用于摄像、美术和其他目的专业灯箱的最常用标准颜色
3200K	日光灯颜色

续表

色 温	常 见 实 例
2800K	钨丝灯、电灯泡（日常家用灯泡）颜色
1800K	烛光颜色
1600K	日出和日落颜色

一般来说，数码相机有三种方法去获得正确的白平衡，分别为全自动、半自动及手动。随着摄像科技进步，自动白平衡模式在大多数情况下都能让你获得理想的颜色，日常巡检工作中常用的白平衡调节界面如图 3-8 所示。

图 3-8　白平衡调节界面

4. EV 值

EV 是英语 Exposure Values 的缩写，是反映曝光多少的一个量，其最初定义为：当感光度为 100、光圈系数为 $f1$、曝光时间为 1s 时，曝光量定义为 0，曝光量减少一档（快门时间减少一半或者光圈缩小一档），EV 减去 1；曝光量增一档（快门时间增加一倍或者光圈增加一档），EV 加上 1。

现在的单反相机都有自动曝光功能，通过自身的测光系统准确地对拍摄环境的光线强度进行检测。从而自动计算出正确的光圈值＋快门速度的组合。这样照片就能正确地曝光。但是某些特殊光影条件下（比如逆光条件），自动曝光功能会引起测光系统不能对被摄主体进行正确的测光，从而使照片不能正确地曝光。这时，就要依照经验进行 EV 值的加减，人为干预相机的自动曝光系统，从而获得更准确的曝光。

当拍摄环境比较昏暗，需要增加亮度，而闪光灯无法起作用时，可对曝光进行补偿，适当增加曝光量。进行曝光补偿的时候，如果照片过暗，要修正相机测光表的 EV 值基数，EV 值每增加 1，相当于摄入的光线量增加一倍，如果照片过亮，要减小 EV 值，EV 值每减小 1，相当于摄入的光线量减小一半。按照不同相机的补偿间隔可以以 1/2（0.5）或 1/3（0.3）为单位来调节。

被拍摄的白色物体在照片里看起来是灰色或不够白时，要增加曝光量，简单说就是"越白越加"，这似乎与曝光的基本原则和习惯是背道而驰的。其实不然，这是因为相机的测光往往以中心的主体为偏重，白色的主体会让相机误以为环境很明亮，因而曝光不足。

3.2.1.2　可见光成像设备设置

（1）摄像参数设置。在屏幕顶部飞行参数下面的这一列数据是摄像参数，由上至下分别是感光度 ISO、光圈、快门、曝光补偿 EV 值、照片格式、照片风格、曝光锁定。摄像参数调节界面如图 3-9 所示。

图 3-9　摄像参数调节界面

（2）相机参数设置。点击屏幕右侧工具条的齿轮按钮可以进行相机参数初始设定，即照片格式、照片尺寸、白平衡、视频尺寸、照片风格（含自定义的锐度、对比度、饱和度）、色彩、更多（过曝警告、直方图、视频字幕、网格、抗闪烁、快进预览、视频格式、视频制式 NTSC/PAL、重置参数）。相机参数的设置界面如图 3-10 所示。

图 3-10　相机参数的设置界面

相机默认参数已能胜任用户一般的拍摄所需，如果有更高要求可在拍摄前调整上述的基本参数设置。

（3）相机拍摄模式设置。长按屏幕右侧中部的拍摄圆键，圆键的左侧将出现扇形的选项按钮，这些按钮的功能分别为单拍或连拍：单张、HDR、连拍（3 张、5 张、7 张）、包围曝光（3 张、5 张，步长 0.7EV）。定时摄像：5s、7s、10s、20s、30s。

（4）测光设置。无人机开启后，相机立即处于默认的自动"中央重点平均测光"状态。如果需要手动点测光，请轻触地面站屏幕画面景物里指定的测光位置，则可变为手动的"点测光"状态（在测光的位置将出现带中间小圆点的黄色方框符号），点击黄色方框右上角的小叉，相机将退出手动点测光回到默认的自动"中央重点平均测光"状态（注：短促点击屏幕是切换自动、手动测光操作；如较长时间地点击屏幕将出现蓝色圆圈符号，此时拖动图标操作可以控制云台姿态的俯仰）。

（5）相机手动测光状态下参数调整。点击屏幕右侧下部的"五线谱"按钮，此按钮变亮后可进入手动曝光调整状态。可以通过拖动屏幕上 ISO 滑块改变感光度，或通过遥控器上的右拨轮调整快门值，往左减少、往右增加。此时曝光补偿 EV 值处于不可调的状态，但 EV 值会按照给定的 ISO 和快门数值自动变化。另外，还可点按屏幕上的 AE，进入或退出曝光锁定。

（6）相机手动测光状态下参数调整。点击屏幕右侧下部的"五线谱"按钮，此按钮变亮后可进入手动曝光调整状态。可以通过拖动屏幕上 ISO 滑块改变感光度或通过遥控器上的右拨轮调整快门值，往左减少、往右增加。此时曝光补偿 EV 处于不可调的状态，但 EV 值会按照给定的 ISO 和快门数值自动变化。另外，还可以点按屏幕上的 AE，进入或退出曝光锁定。

3.2.1.3　可见光成像设备拍摄

针对"安全合适的拍摄距离"这个问题，经过大量巡检实践总结经验，可以借助图传设备屏幕中物体成像的大小和比例来判断我们离目标的真实距离。无人机搭载的可见光镜头通常有定焦镜头和变焦镜头两种，不同焦距和变焦倍数的情况下，目标成像大小和距离的关系是不相同的。以 50mm 定焦镜头为例，当一个 220kV 复合绝缘子占据到 3/4 图传屏幕宽度时，无人机与复合绝缘子的实际距离为 5～6m。其他型号镜头的适合拍摄距离可以在实践中进行探索。

将拍摄目标尽量置于屏幕中央，最后在图传平板屏幕中点击目标拍摄物以辅助聚焦再按快门，拍摄出一张清晰的设备图像。为避免操作失误或机器设备问题等不可控因素使图像失真，建议实际巡检时对每个巡检位置略微改变角度进行 2～3 张拍摄作为补充，确保该位置巡检取像完毕，不需往复作业。

关于辅助聚焦，除了在图传平板屏幕中点击目标拍摄物的方法外，还可以在遥控器中设置快捷键以提高拍摄效率。

在拍摄过程中，选择拍摄角度时应避免出现逆光拍摄，尽量选择顺光拍摄或侧光拍摄。避免由于没有进行正确对焦操作造成虚化失真现象，建议待无人机悬停平稳，在图传平板屏幕中点击目标物聚焦，或将目标物置于屏幕正中使用遥控器快捷键直接对焦。

3.2.2　红外成像设备设置和拍摄

3.2.2.1　红外热像设备的基本知识

红外热像设备是利用红外探测器和光学成像物镜接收被测目标的红外辐射能量分布图形反映到红外探测器的光敏探测器上，从而获得红外热像图，这种热像图与物体表面的热分布场相对应。换言之，也就是将物体发出的不可见红光能量辐射转变为可见的热像图。热像图的上面不同颜色代表被测物体的不同温度。

3.2.2.2 红外成像相关术语

红外成像相关术语包括温度分辨率，探测器像素数，焦距、视场角与有效孔径。

（1）温度分辨率（热灵敏度）。温度分辨率代表热像仪可以分辨的最小温差，通常以 mK 为单位表示，其直接关系到红外热像设备测量的清晰度，温度分辨率的数值越小，表示其灵敏度越高，图像更清晰。对于低零值绝缘子与复合绝缘子的检测应尽量选用温度分辨率指标较高（≤50mK）的产品。

（2）探测器像素数。探测器像素数是指传感器的最大像素数，通常给出了水平及垂直方向的像素数。常见的分辨率有 320×240、384×288、640×480、1024×768 等。

（3）焦距、视场角与有效孔径（F 数）。

1）焦距是光学系统中衡量光的聚集或发散的度量指标，指平行光入射时从透镜光心到光聚集焦点的距离。通常焦距越长，探测距离越远，但视场角窄、成本更高。

2）在光学仪器中，视场角为以光学仪器的镜头为顶点，以被测目标物像可通过镜头最大范围的两条边缘构成的夹角。视场角越大焦距越短。对于目前采用的 640×480 探测器的各种主要品牌与类型的热像仪，50mm 焦距镜头水平视场角约为 $12°$，25mm 焦距镜头水平视场角约为 $24°$，焦距与视场角的为对应的等比例变化关系。

3）有效孔径为镜头的最大光圈直径和焦距的比数，表示镜头的最大通光量，也是镜头的最大口径。如一只镜头的最大光圈直径是 50mm，焦距是 50mm，则有 50：50＝1：1，这只镜头的有效孔径就是 1：1，或称 $f1$，f 数越小，进光量越大，热像仪的灵敏度越高，但景深越短，非制冷焦平面的 f 数通常为 $1 \sim 1.2$。

3.2.2.3 设备设置与质量影响因素

1. 红外设备的设置

（1）测温参数的实时设定。可以通过无人机地面站实时设定辐射率等关键测温参数，以保证测温精度。特别是对于新旧不同的金具，辐射率的设定直接影响到检测结果的准确性。

（2）热像仪焦距设定与调节。由于无人机在飞行过程中相对于杆塔等目标间的距离是不断变化的，因此对于 25mm 以下的热像仪最好选用可以通过地面站进行实时调焦或起飞前调节好可基本正常工作的大景深设备；对于 50mm 等较长焦距的设备则必须选用可以通过地面站进行实时调焦并具备自动调焦功能的设备。

（3）测温报警阈值与伪彩种类的实时设定。可以通过无人机地面站实时设定测温报警阈值与伪彩种类以提高巡检效率与观测效果。

（4）色温显示范围设定。一般红外成像系统可以记录 16bit/s 全动态温度数据，通过相关软件调节色温显示范围以达到发现微小温差目标缺陷的目的。

（5）使用注意事项。在日常使用红外成像设备进行巡检作业时，会影响测温精度的因素包括：①物体的反射率，如反光的金属表面，反射率较高，测出来的温度会偏低；②辐射背景温度，如果是晴天无云对精度的影响较小，如果多云对精度的影响会加大；③空气的温度和湿度，温度和湿度越高，越容易影响物体的测温，精度会越差；④空气的厚度，也就是相机与被测物的距离，距离越远测量越不准。

2. 影响红外成像设备拍摄质量的外部因素及对策

（1）雨雾天气因素会影响红外热成像巡检拍摄质量。解决办法：对于通常的红外巡检，尽量等待天气好转再出门；但对于复合绝缘子的检测，阴冷的雨雾天气是最佳检测时机。

（2）阳光直射会影响图像判读以及测温结果。解决办法：逆光飞行、全称全动态多角度录像，也可以通过调节云台角度减缓阳光干扰。

（3）复杂"空—地"目标环境会影响红外成像质量。解决办法：固定色温显示范围或采用智能调节设备。

（4）复杂地理环境会影响飞行安全。解决办法：做好任务规划，针对不同塔型确定最佳飞行方式。

第4章
无人机巡检系统使用

4.1 使用与维护保养

4.1.1 多旋翼无人机巡检系统的使用

多旋翼无人机因体积小便于运输、飞行稳定性好、作业时间较短等特性，适合电网巡检，一般包括机体，另外包括动力系统、电池、飞控系统、任务载荷、地面站系统、遥控系统等，如图4-1所示。

图 4-1　多旋翼无人机系统

飞行前应正确判断空中管制区分布及有无申报空域等情况。

注意观察气象，影响无人机飞行的气象环境主要包括风速、雨雪、大雾、空气密度、温度等。

（1）风速：建议无人机飞行风速在 4 级（5.6～7.9m/s）以下，遇到楼层或者峡谷等注意风切变现象，通常无人机的起飞重量越大，抗风性能越好。

（2）雨雪：市面上现有的无人机大多不具备防水能力，因此在雨雪天气中使用无人机，极易造成无人机电子元件短路损坏。

（3）大雾：大雾主要影响操作人员的视线和无人机镜头取景，难以判断周边环境和无人机的安全距离。而且大雾中空气湿度过高，容易造成电子设备短路故障。

（4）空气密度：空气密度随着海拔高度的增加而减小。在空气密度较低的环境中飞行，飞行器原有螺旋桨的拉力变小。

（5）温度：飞行环境温度过高不利于电机/电池/电子调速器等散热，绝大部分无人机采用风冷自然散热，飞行环境温度越高，飞行器散热越慢。

飞行前注意观察飞行区域周边电磁干扰情况。飞行器无线电遥控设备多采用 2.4G 频段，而家用无线路由器也都采用 2.4G 频段，发射功率虽然不高，但是数量大，难免会干扰对无人机的操作。

对环境的检查：周围环境是否适合作业（恶劣天气下请勿飞行，如 4 级或以上大风，雨雪、大雾天气等）及起降场地是否合理（选择开阔、周围无高大建筑物的场所作为起降场地，大量使用钢筋的建筑物会影响磁罗盘的正常工作，而且会遮挡 GPS 信号，导致飞行器定位效果变差甚至无法定位），开机顺序：先开启地面站或者遥控器（这两项不分先后顺序），后开启飞机。关机顺序：先关闭飞机，后关闭地面站或遥控器（这两项不分先后顺序）。开关机的原则就是要让飞机在通电的情况下始终能接收到控制信号，否则将有失控的危险。

1. 核查作业现场

设定航线时要查看现场，熟悉飞行场地，了解线路走向、特殊地形地貌及气象情况等，确保飞行区域的安全。

熟悉作业场地，需了解或做到以下内容：

（1）飞行场区地形特征及需用空域。

（2）对巡检线路杆塔的名称及杆塔号进行核实。

（3）根据测量范围内的杆塔的海拔信息，确定无人机航线的相对高度。

（4）测量飞行场区内的沙尘强度，确定飞行航线及飞行任务是否满足执行条件。

（5）测量飞行场区内的电磁干扰强度，确保无人机与地面站的安全控制通信和数据链路的畅通。

（6）场区内可以给无人机提供的基本救援和维修条件。

航线的规划由以下几个方面确定：

（1）根据现场地形条件选定无人机多旋翼起飞点及降落点，起降点四周应空旷无树木、山石等障碍物。

（2）一般情况下，根据杆塔坐标、高程、杆塔高度、飞行巡检时无人机多旋翼与设备的安全距离（包括水平距离、垂直距离）及巡检模式在输电线路斜上方绘制航线。

（3）如所绘制的航路上遇有超高物体（建筑物、高山等）阻挡或与超高物体安全距离不足时，绘制航线时应根据实际情况绕开或拔高跳过。

（4）某些地段不满足双侧飞行条件时，应调整为单侧飞行。

（5）规划的航线应避开包括空管规定的禁飞区、密集人口居住区等受限区域。

2. 巡检设备航前检查

航前检查主要包括：①机臂是否紧固；②起落架是否紧固；③SD卡是否安装，卡盖和尾部防水防尘盖是否盖紧；④安装云台时，注意云台连接线妥善固定，检查图传情况，避免连接线异常影响工作；⑤确保螺旋桨无破损并且正确安装牢固。如有老化、破损或变形，请更换后再飞行；⑥确保无人机电机清洁无损，并且能自由旋转；⑦务必严格按照官方要求安装符合规格的外接设备，并确保安装后飞无人机重量不超过机型所允许的最大起飞重量。外接设备的安装位置务必合理，确保无人机重心平稳；⑧确保摄像头以及红外感知模块保护玻璃镜清洁；⑨无人机及各部件内部没有任何异物（如水、油、沙、土等）；⑩无人机在0℃左右的温度下进行飞行时，请提前使用干布擦拭桨叶，以免桨叶在飞行过程中结霜；⑪遥控器、智能飞行电池以及移动设备电量是否充足；⑫确保云台自检正常；⑬指南针及IMU校准成功；⑭App中无人机状态列表无报错提醒。

3. 飞行中检查

（1）起飞过程。

1）操控手再次确认设备全部正常，无人机周围无人员后启动动力系统（电机）。

2）启动动力系统后，操控手应先小幅度拨动摇杆，确认无人机反馈正常，逐渐推高油门，控制无人机平稳起飞。

3）无人机升至低空后，应确认定位悬停姿态稳定及地面站数据正常，注意观察无人机有无异响或不稳定等异常状况。

4）根据现场环境，由操控手操控无人机保持平稳姿态以合适路径飞至巡检位置；或由操控手操控无人机飞至合适净空，并由程控手切入自主飞行模式，按照预定航线执行巡检任务。

（2）作业过程。作业过程中，作业人员之间应保持良好沟通，确保作业安全：

1）无人机悬停巡检时，应注意保持无人机与巡检目标的安全距离。

2）无人机在杆塔间往返时，应使无人机先远离线路，再以平行于线路的方向飞行，飞行中控制好速度与姿态，避免无人机误碰线路。

3）通过目视、图传、数传等多方面信息综合判断无人机状态，避免因距离及角度造成视觉误差。

4）巡检过程中，作业人员应时刻关注无人机通信质量及剩余续航时间，保证无人机安全返航。

（3）返航降落。巡检任务结束后，作业人员操控无人机飞回起降场地上方并平稳降落；在无人机距地面较近时应注意克服地面效应。

（4）航后撤收。在无人机旋翼还未完全停转前，严禁任何人接近。待无人机旋翼完全停转后，作业人员应先关闭动力电源，再关闭遥控器及地面站电源，将电池放回电池防爆箱。

确认所有设备状态良好后进行设备撤收，定置收装各设备及工器具。撤收完成后，应与设备清单核对，确保现场无遗漏。

4. 航后检查

航后检查主要包括：①电池：雨后飞行检查，每次雨中飞行后注意电池和飞行器之间的公母头是否干燥，雨后飞行后需要擦干整机和电池之后才能保存飞行器和电池；②电池接插件：雨后飞行后需要注意是否有积水，有则需要擦干后才可以继续工作；③机臂：机臂接头和机臂连接座之间的积水应注意擦干；④机尾接口：打开擦干，保持整洁干燥；⑤下云台接口：检查云台相机是否有沙石、水等，进行适当擦拭晾干；⑥对机臂连接件处需要吹气清理干净或用无尘布擦拭；⑦云台：手动拨动云台，看看各轴是否顺畅；⑧电机：查看电机是否有异音，转动是否顺畅；⑨前罩进气口：注意清理，保持干净。

4.1.2　固定翼无人机巡检系统的使用

固定翼无人机巡检系统因体积较大，其巡航能力相对于无人直升机有了很大的提升，而且搭载负荷的能力也优于旋翼类无人机。固定翼无人机可以搭载大型设备，执行长航时的巡检任务，一般包括机体，另外包括动力系统（电动、油动）、伺服机构、电池、飞控系统、任务载荷、弹射架、降落伞、地面站系统、遥控系统，如图 4-2 所示。

图 4-2　固定翼无人机巡检系统组成

固定翼无人机巡检系统工作原理为通过无线电遥控设备或机载计算机远程控制飞行系统进行作业，使用小型数字相机（或扫描仪）作为机载遥感设备。

固定翼无人机巡检系统使用要求：

（1）无人机应尽量配备伞降设备，垂直起降机型除外。在无人机遇到突发故障时，可通过减缓降落伞下降速度以减小飞行平台和机载设备的损伤。

（2）设计飞行高度应高于拍摄区和航路上最高点 100m 以上。

（3）设计航线总航程应小于无人机能到达的最远航程。

（4）距离军用、商用机场须在 10km 以上。

（5）起降场地相对平坦，通视良好。

（6）远离人口密集区、高大建筑物、重要设施等。

（7）起降场地地面应无明显凸起的岩石块、土坎、树桩，也无水塘、大沟渠等。

（8）附近应无正在使用的雷达站、微波中继、无线通信等干扰源，在不能确定有无的情况下，应测试信号的频率和强度，如对系统设备有干扰，须改变起降场地。

（9）无人机采用滑跑起飞和滑行降落的，滑跑路面条件应满足其性能指标要求。

1. 核查作业现场

（1）现场勘查。飞行前应进行现场勘查，确定作业内容和无人机起降点位置，核实 GPS 坐标。应提前向有关空管部门申请航线报批，并在巡检前一天和作业结束当天通报飞行情况。巡检前应填写无人机巡检作业工作票，经工作许可人的许可后，方可开始作业。应在飞行前一个工作日完成航线规划，编辑生成飞行航线和安全策略，并交工作负责人检查无误。

（2）航线规划。飞行人员应详细收集线路坐标、杆塔高度、塔形、通道长度等技术参数，结合现场勘查所采集的资料，针对巡检内容合理制定飞行计划，确定飞行区域、起降位置及方式。

飞行前应下载、更新飞行区域地图，并对飞行作业中需规避的区域进行标注。无人机航线距离线路包络线的垂直距离应不少于 100m。巡航速度应为 60～80km/h，不得急速升降。

无人机作业区域应远离爆破、射击、烟雾、火焰、机场、人群密集、高大建筑、其他飞行物、无线电干扰、军事管辖区和其他可能影响无人机飞行的区域，严禁无人机从变电站（所）、电厂上空穿越。同时应注意观察云层，避免无人机起飞后进入积雨云。

起飞时，无人机应盘旋至足够高度后方可进入航线飞行。为保证巡检作业尽可能覆盖全部线路，无人机实际飞行以内切预设航线，即无人机到达拐点前预先转弯，以免过度偏离预设航线。降落时，宜采用多次转向的方式确保无人机下降时飞行方向正对降落区域。

2. 巡检设备航前检查

作业前，飞行人员应逐项开展设备、系统自检，确保无人机处于适航状态。检查无误工作负责人签字后方可开始作业。

（1）飞行控制系统准备。在无人机开始起飞前，根据杆塔的位置设定飞行航线并将航线上传到无人机控制系统中然后进行航线的再次检查确认。同时还要根据杆塔的类型对无人机设置相应的安全策略，确保在飞行巡检时无人机与输电线路保持安全距离。

地面站自检正常，各项回传数据如发动机/电机状态、GPS 坐标、卫星数量、电池电压、无人机姿态等参数满足飞行要求。无人机各接头、零部件、油箱油量、螺旋桨运行正常，如果无人机中任一部件（模块）出现故障或报警的情况，则不得起飞。

（2）任务载荷准备。将机载的照相机、摄像机电源打开，摘下镜头盖，查看镜头是否清洁并进行相应的清洗处理。通过地面站观察传回的图像信息，依据图像显示情况对照相机或摄像机的焦距和镜头方向进行校准。同时也对地面站、遥控器与任务载荷通信链路进行检查，确保链路的正常通信和采集数字图像的质量。

（3）动力系统准备。

1）检查无人机动力电池、飞控系统电池、任务荷载电池、遥控器电池、地面站电池等所有电池是否处于满电状态。

2）每架次作业时间应根据无人机最大作业航时合理安排。

（4）通信系统准备（含地面站和任务载荷）。

1）作业现场电磁场无干扰。

2）通信链路畅通，数传信息完整准确，图传清晰连贯，无明显抖动、波纹或雪花。

3. 飞行中检查

（1）起飞过程。

1）操控手再次确认设备全部正常、无人机周围无人员后启动动力系统（电机）。

2）启动动力系统后，操控手应先小幅度拨动摇杆，确认无人机反馈正常，逐渐推高油门，控制无人机平稳起飞。

3）无人机升至低空后，应确认定位悬停姿态稳定及地面站数据正常，注意观察无人机有无异响或不稳定等异常情况。

4）根据现场环境由操控员操控无人机保持平稳状态、以合适路径飞至巡检位置。

（2）作业过程。

1）无人机悬停巡检时，应注意保持无人机与巡检目标的安全距离。

2）无人机在杆塔间往返时，应使无人机先远离线路，再以平行于线路的方向飞行，飞行中应控制好速度与姿态，避免无人机误碰线路。

3）通过目视、图传、数传等多方面信息综合判断无人机状态，避免因距离及角度造成视觉误差。

4）巡检过程中，作业人员应时刻关注无人机通信质量及剩余续航时间，保证无人机安全返航。

（3）返航降落。巡检任务结束后，作业人员操控无人机飞回到起降场地上方并平稳降落。

（4）设备回收。在无人机旋翼还未完全停转前，严禁任何人接近。待无人机旋翼完全停转后，作业人员应先关闭动力电源，在关闭遥控器及地面站电源后，将电池放回电池防爆箱。

4. 巡检设备航后检查

航后检查主要包括：

（1）电池：雨后飞行检查，每次雨中飞行后注意电池和飞行器之间的公母头是否干燥，雨后飞行后需要擦干整机和电池之后才能保存飞行器和电池。

（2）电池接插件：雨后飞行后需要注意是否有积水，有则需要擦干后才可以继续工作。

（3）机臂：机臂接头和机臂连接座之间的积水应注意擦干。

（4）机尾接口：打开擦干，保持整洁干燥。

（5）下云台接口：检查云台相机是否有沙石、水，进行适当擦拭晾干。

（6）机臂连接件处需要吹气清理干净或用无尘布擦拭。

（7）云台：手动拨动云台，检查各轴是否顺畅。

（8）电机：检查电机是否有异音，转动是否顺畅。

（9）前罩进气口：注意清理，保持干净。

4.1.3　无人机维护保养

为保证无人机系统的正常运行，减少机器故障与损失，提高无人机巡检作业工作效率，无人机系统的维修保养必不可少。无人机巡检系统维护保养包含无人机系统的保管、检查、大修、维修以及部件的替换。维护保养的好坏直接关系到系统能否长期保持良好的工作精度和性能。按照无人机组成部分可将维护保养分为无人机、控制站、通信链路、其他设备（如遥控器）等的维护保养。

无人机巡检系统的常见维护保养主要包括以下内容：

（1）基本维护保养。对无人机及其组件进行检查、清洁、除锈、润滑、紧固、标识、规定的性能测试、易损件更换等工作，确保其处于完好有效状态的活动。

（2）周期性维护保养。无人机要保证其正常飞行和使用寿命，除按照正常规范操作使用外，还需进行日常、一级、二级、三级等周期性的维护保养，内容包括基础检查、升级校准、机体清洁及部件更换等。

（3）日常维护保养。对无人机设备外观及其日常使用基本功能进行检查校准等操作，由无人机操作手及飞行任务团队负责进行保养维护。

（4）一级维护保养。对无人机整体结构及功能进行全面的检查，对各模块进行校准及软件升级，并对日常清理中无法接触的机器内部结构进行深度清理，保养清洁过程需对无人机进行一定程度的拆卸，需由专业的维护保养团队进行检查。

（5）二级维护保养。除完成一级维护保养要求外，增加对无人机易损件的更换处理，维护保养团队需准备好无人机易损件备件，用于维修替换。

（6）三级维护保养。除完成一级、二级维护保养要求外，增加对无人机核心部件的更换处理，需对无人机进行深度的拆卸。

4.1.3.1　无人机维护保养方法

1. 日常维护保养

无人机在使用过程中应定期对设备外观及其日常使用基本功能进行检查校准等操作，通常由无人机操作手及飞行任务团队负责执行，日常维护保养内容见表4-1。

2. 无人机本体维护保养

（1）基础检查。基础检查应对无人机及其部件的外观、外部结构等进行逐个检查，确认各部件是否正常。基础检查内容见表4-2。

表 4-1 日常维护保养内容

时　间	内　容
执行飞行任务通电前	检查机身螺丝是否出现松动，机身外壳及结构是否出现裂痕、破损、缺失、歪斜、移位
	检查螺旋桨桨叶外观是否完整无损，是否按顺序安装牢固；任务载荷是否安装正确、牢固
	检查控制终端摇杆是否各向操控灵活且有稳定阻尼，拨动开关是否流畅无卡顿
	对于电动无人机，检查电池数量是否足够、电量是否充足；安装电池前检查外壳是否有破损或者变形鼓胀，安装后是否牢固
	对于油动无人机，检查发动机缸体、管路是否有渗漏，油量是否充足
执行飞行任务通电后	检查导航定位信号、遥测遥控信号及图像传输信号是否稳定无干扰，且动静压采集是否正常
	检查无人机电机转动是否正常、无异响，检查发动机怠速、高速运转是否正常
	通过控制终端检查任务载荷转动是否正常，数据采集功能是否正常
	检查地面站各项参数是否正常，地图载入是否正常
使用后	对无人机机身（包括任务载荷、地面站）进行全面细致的检查，必要时使用专用清洁设备及时清理油污、细沙、碎屑等，保持无人机及其组件的清洁
	无人机现场拆卸后各部件应按要求放入专用包装箱，避免碰撞损坏
	无人机应妥善存放于温湿度可控的工器具室，长期存放时，机身应进行防尘，轴承和滑动区域喷洒专用保养油进行防腐蚀和防霉菌
	对于电动无人机，飞行任务结束后应取出电池单独存放，应定期使用专用充电器或智能充电柜对电池进行充放电操作
	对于油动无人机，飞行任务结束后应及时用汽油擦拭发动机表面油污，堵住进气口及排气口；超过一个月不使用发动机的，应排干净油路及化油器内燃油，让发动机中速运行，直至熄火，燃烧完油路里所有燃油，然后清洁发动机

表 4-2 基础检查内容

序号	项　目	内　容
1	外壳	检查机身外壳是否完整无损，有无变形、裂纹等
2	螺旋桨	检查桨叶、桨叶底座、桨夹外观是否完整无损，安装是否牢固
3	电机	检查电机转动是否正常，手动旋转电机有无卡顿、松动及异常响声等，检查电机接线盒接线螺丝是否有松动、烧伤等
4	电调	检查电调是否正常工作，有无异响、破损等，检查连接线是否有松动
5	机臂	检查机臂结构是否有变形、破损等
6	机身主体	检查机身主体框架是否完好无变形、裂纹等
7	天线	检查天线位置是否有影响信号的干扰物，有无变形、破损等
8	脚架	检查脚架是否出现裂纹、变形、破损等
9	控制终端	检查控制终端天线是否有损伤，显示器表面是否有明显凹痕、碰伤、裂痕、变形等现象，开机后显示器是否出现坏点或条纹；测试每一个按键，检查功能是否正常有效

续表

序号	项　目	内　容
10	对频	检查无人机机身与控制终端是否能重新对频
11	自检	通电后，确认通过软件或机体模块自检，无人机机体或地面站无声、光、电报警
12	云台	检查连接部分有无松动、变形、破损等，转动部分有无卡顿，减震球是否变形、硬化，防脱绳是否松动破损
13	电池	检查电池插入是否正常，接口处有无变形破损等；插入电池是否可以正常通电，电芯电压压差是否正常，电池状态检测标准见附录 C
14	发动机	检查缸体、管路是否有渗漏，检查传感器工作是否正常，检查紧固件、连接件有无松动
15	传动装置	检查传动皮带松紧度是否适宜，齿轮是否完好无变形，检查火花塞、燃油滤清器、空气滤清器等是否需要更换
16	任务载荷	检查外观有无破损、变形等，镜头有无刮花、破损等，对焦是否正常；存储卡等模块是否插好，供电是否充足，与机体通信是否可靠
17	充电器、连接线、存储卡、平板、手机、检测设备、电脑、存储箱、拆装工具等配套设施	有无变形、破损，功能是否正常等

（2）升级校准。对无人机相关部件，如 IMU、指南针、控制终端摇杆及视觉避障模块等应进行定期升级校准，以保证安全良好的运行状态。升级校准内容见表 4-3。

表 4-3　　　　　　　　　　升 级 校 准 内 容

序号	项　目	内　容
1	惯性测量单元（IMU）校准	通过控制终端或软件提示校准，校准是否通过
2	指南针校准	通过控制终端或软件提示校准，校准是否通过
3	控制终端摇杆校准	在控制终端或软件上选择控制终端摇杆校准
4	视觉系统校准（若有）	通过调参软件校准飞行视觉传感器
5	RTK 系统升级（若有）	通过调参软件查看是否升级成功
6	控制终端固件升级	通过控制终端固件查看是否升级成功
7	电池固件升级	通过调参软件查看所有电池是否升级成功
8	飞行器固件升级	通过调参软件查看是否升级成功
9	RTK 基站固件升级（若有）	检查 RTK 基站固件是否为最新固件
10	云台校准（若有）	通过控制终端或调参软件校准云台
11	空速校准（固定翼）	通过地面站或控制终端查看空速校准

（3）机体清洁。无人机并非完全封闭系统，在使用过程中可能会进入灰尘，应对无人机的外部和内部进行深度清洁处理。机体清洁内容见表 4-4。

表 4-4　　　　　　　　　　　　　机 体 清 洁 内 容

序号	项　目	内　容
1	胶塞	是否松脱、变形
2	旋转卡扣	卡扣是否破损、有外来异物
3	电机轴承	清理存在的油污、泥沙等外来物
4	控制终端天线	天线是否破损
5	控制终端胶垫	胶垫是否松弛、泥沙、灰尘
6	结构件外观	连接件是否破损、磨损、断裂、油渍、泥沙
7	机架连接件及脚架	是否破损、磨损、断裂、油渍、泥沙
8	散热系统	散热是否均匀，没有异常发烫
9	舵机及丝杆连接件	外观是否变形，是否有泥沙、油污，启动是否顺滑
10	控制终端接口	各接口是否有接触不良、连接不顺畅
11	电源接口板模块	金手指是否变形、断裂，插入正常，没有过紧过松

（4）部件更换。在维护保养中当发现无人机及其部件出现外观瑕疵及功能性故障时，应对其进行统一更换处理。无人机因其结构差异，产生老化与磨损的组件也不尽相同，通常易需更换的应包括但不限于橡胶、塑料或部分金属材质与外部接触或连接的组件以及动力组件等，如减震球、摇杆、保护罩、机臂固定螺丝、桨叶等；核心部件更换应包括但不限于动力电机、电调、电池、发动机等，相关组件更换图片如图 4-3 所示。

（a）更换前　　　　　　　　　　　　　　　（b）更换后

图 4-3　无人机组件更换示例

4.1.3.2　电池维护保养

无人机电池与机体其他机械电子结构不同，其涉及频繁的充放电操作以及插拔等动作，且由于其自身的放电特性，在维护保养过程中不仅需要进行周期性检查，还应在使用和存储期间进行维护保养。无人机电池维护保养方式见表 4-5。

表 4-5　　　　　　　　　　　　无人机电池维护保养方式

电池使用 保养	（1）电池出现鼓包、漏液、包装破损的情况时，请勿继续使用。 （2）在电池电源打开的状态下不应拔插电池。 （3）电池应在许可的环境温度下使用。 （4）确保电池充电时电池温度为 15～40℃，充电时应确保电池充电部位连接可靠，避免虚插。

续表

电池使用保养		（5）充电完毕后请断开充电器及充电管家与电池间的连接；定时检查并保养充电器及充电管家，经常检查电池外观等各个部件；切勿使用已有损坏的充电器及充电管家。 （6）飞行时不宜将电池电量耗尽才降落。 （7）电池彻底放完电后不应长时间存储。 （8）电池应禁止放在靠近热源的地方；电池保存温度宜为 22～30℃。 （9）电池长期存放应从飞行器内取出。 （10）在户外高温放电后或高温下取回电池后不能立即充电，待电池表面温度下降至 40℃以下方可充电且充电时尽可能使用小电流慢充或使用智能电池充电器自动检测推荐的电流充电。 （11）应采用原无人机制造商配套充电器或认可的第三方充电器进行充电，不可非法采用其他设备对电池充电且充电过程中应保持通风散热并安排专人值守
电池存储保养	短期存储 （0～10 天）	电池充满后，放置在电池存储箱内保存，确保电池环境温度适宜
	中期存储 （10～90 天）	将电池电量放电至 40%～65%，放置在电池存储箱内保存，确保电池环境温度适宜
	长期存储 （大于 90 天）	将电池电量放电至 40%～65%，放置在电池存储箱内保存，每 90 天将电池取出进行充放电，然后再将电池电量放电至 40%～65%存放

4.1.3.3 发动机维护保养

油动无人机发动机维护保养方式见表 4-6。

表 4-6 油动无人机发动机维护保养方式

发动机使用保养		（1）应使用 92# 及以上等级的无铅汽油，配合润滑油使用。应按照汽油和润滑油 40:1 的比例混合；混合油应现配现用，不应使用久置的混合油。 （2）每次作业完后，应及时用汽油擦拭发动机表面油污，堵住进气口及排气口。 （3）超过一个月以上不使用发动机，应排干净油路及化油器内燃油，让发动机中速运行，直至熄火，燃烧完油路里所有燃油，并清洁发动机
发动机周期性保养	飞行时间满 10h	应对发动机的紧固螺钉、火花塞进行确认，清洗化油器滤网
	飞行时间满 100h	应检查清理火花塞积碳，分析燃烧情况，确认电极间隙
	飞行时间满 150h	应将发动机进行返厂保养

4.1.3.4 任务载荷维护保养

无人机任务载荷种类繁多，如云台相机、喊话器、探照灯、机载激光雷达、多光谱相机等，不同设备的保养方式不尽相同，应根据其自身技术特点进行维护，无人机常用任务载荷维护保养方式见表 4-7。

4.1.3.5 其他相关设备维护保养

无人机其他设备主要是指在对无人机进行维护保养时所需使用的相关设备，主要包括配套的充电器、连接线、存储卡、平板/手机、检测设备（如风速仪）、电脑、存储箱、拆装工具等。在无人机维护保养过程中，应根据不同类型的设备实际需求进行保养，保养的主要原则是，确保设备完整整洁、功能正常，定期检查设备状态，及时更换问题设备，确保无人机能正常顺利完成工作任务。

表 4 - 7　　　　　　　　　　　无人机常用任务载荷维护保养方式

项目	项目	内容
挂载部件检查	云台转接处	检查是否有弯折、缺损、氧化发黑情况，是否安装到位
	接口	检查是否安装到位，无松动情况
	排线	检查是否有破裂或扭曲、变形情况
	云台电机	检查手动旋转电机是否存在不顺畅、电机松动、异响情况
	云台轴臂	检查是否有破损、磕碰或扭曲、变形情况
	相机外观	检查是否有破损、磕碰等情况
	相机镜头	检查是否有刮花、破损情况
	外观机壳	检查是否有破损、裂缝、变形情况
挂载性能检测	对焦	检查对焦是否正常
	变焦	检查变焦是否正常
	拍照	确保拍照正常，照片清晰度正常
	拍视频	确保拍视频正常，视频清晰度正常
	云台上下左右控制	检查转动是否顺畅，是否有抖动异响，回中时图像画面是否水平居中
	储存卡格式	检查格式化是否成功
挂载校准升级	横滚轴调整	检查横滚轴调整是否正常
	云台自动校准	检查云台自动校准是否成功通过
	相机参数重置	检查相机参数是否重置成功
	云台相机固件版本	检查固件版本是否可见
	固件更新及维护	检查确保固件版本与官网同步

4.1.3.6　无人机故障诊断与维修

无人机是机械动力结构与电子设备的结合体，涉及诸多电力组件与电子芯片以及无线电信号设备，且无人机作为自动化控制系统，其核心部件是飞行控制系统，当设备出现故障时，通常会由飞控进行故障判断并发出提示指令。由于无人机故障种类繁多，因此无法直观通过简单的观察与拆解来进行诊断与修复。因此无人机的故障诊断与修复方式往往结合了硬件修理与软件修复的过程。

1. 故障诊断方法

由于其型号及提供商的差异，无人机故障类型往往差异很大，常见故障诊断方法见表 4 - 8。

表 4 - 8　　　　　　　　　　无人机常见故障诊断方法

开机后解锁电机不转	检查是否正确执行解锁起飞操作（内八或外八解锁）； 通过控制终端或调参软件查看飞控异常状态，并根据提示检查具体故障； 检查控制终端各通道是否能满行程滑动，检查通道是否反向； 检查电调是否可正常工作，是否存在兼容性问题； 检查控制终端与飞行器是否已正确对频

续表

无人机飞行时异常震动	重新校准 IMU 与指南针，完成后查看检测故障是否仍旧出现； 检查 IMU 及 GPS 位置是否保持固定，连接相应调参软件检查 IMU 及 GPS 安装位置偏移参数是否正确； 检查无人机结构强度，通过拿起无人机适当摇晃，看机臂及中心是否有松动，可以在空载和满载的状态下分别进行测试； 如故障依旧，需要通过调参软件连接飞行器查看感度/PID 值变化，进行重新设置
无人机 GPS 长时间无法定位	确认当前环境是否处于空旷无建筑物区域，并将飞行器远离信号塔、信号基站等强辐射干扰源； 观察 GPS 搜星状态，是否能接收到少量卫星信号，并尝试更换放置位置，是否出现卫星变化，如卫星数有增加建议继续等待； 如果卫星数长时间为 0，且重启后故障依旧，需尝试更新飞行器固件，并检查 GPS 与机身飞行控制系统连接是否正常
无人机开机出现鸣叫声	重启飞行器，检查故障是否依旧； 连接调参软件或控制终端检查是否提示电调异常或飞控错误； 更新飞行器固件，检查故障是否依旧； 检查电调与飞行控制系统间连线是否有松动或断裂； 调试电调，检查是否有异常
无人机电池无法正常充电	检查电池指示灯是否有提示，并结合指示灯信号指示说明确认电池具体的错误状态； 检查电池供电是否正常、是否有备用充电器或电池可以交叉测试； 检查当前环境是否温度过高或过低超过电池正常充电温度范围； 如电池指示灯不亮，可以先尝试将电池插入充电器等待 30min，再检查电池是否有正常电量提示； 如电池指示灯完全无反应，且充电器确认完好，则确认电池供电问题，需要请专业人士进行检查维修

2. 故障排除方法

无人机常见故障排除方法见表 4 - 9。

表 4 - 9　　　　　　　　　　无人机常见故障排除方法

无人机无图传显示	检查控制终端或图传设备连接是否正常，如有异常需重新对频； 检查连接线是否连接完好，确保无破损现象。确保云台相机正确安装并可以通过自检，如出现连接异常，请检查云台接口的金属触点是否有变形、氧化现象，并尝试重新安装云台相机； 在控制终端内检查图传设置是否正确。若条件允许，尝试更换控制终端与飞行器对频进行替换测试； 若在固件升级后无图传显示，请确认控制终端和飞行器固件升级版本是否兼容； 如果在飞行过程中出现"无图传信号"排除环境干扰，建议切换图传信号通道，若信道质量依然较差，请检查控制终端天线位置摆放，让飞行器往远离方飞行，保持控制终端天线与天空端的天线平行，飞行器若在头顶，请将控制终端天线打平放置，使得飞行器信号能在最佳范围内接收； 若依旧干扰严重，则可能是环境干扰严重，考虑更换作业场地； 如通过图传设置的外置信号接口（HDMI）可以正常输出信号，则判断控制终端或图传显示端故障，需专业人士维修； 如飞行器在发生碰撞后导致无图传，建议对图传模块进行具体故障检测

续表

无人机解锁后无法起飞	检查控制终端油门杆是否有控制电机转动，如果没反应则可能是控制终端杆量或通信异常，尝试重新校准摇杆； 　如油门杆有控制电机，但电机加速不明显无法飞行，请确认控制终端操作手模式是否设置正确； 　如电机转速正常，需检查飞行器桨叶是否装反，如果检查无误，尝试重新校准 IMU 再尝试； 　检查飞行器整体载荷是否超过飞行器许可的最大起飞重量
控制终端无法正常控制云台	检查是否能通过控制终端正常控制云台参数，如正常，则尝试重新校准控制终端或调整控制终端按键映射选项，看是否正常； 　如无法通过控制终端调整则检查云台安装是否正常，尝试重新安装或更换云台测试是否为云台故障； 　如更换云台依旧无法正常操控，尝试对飞行器固件进行更新升级； 　检查云台与飞行控制系统的控制连接线是否正常连接
无人机飞行限高	确认当前飞行环境不属于限高限飞区范围； 　检查飞行器是否正常激活或是否处于训练模式； 　检查飞行器与控制终端连接是否正常，有无异常信息提示； 　通过控制终端或调参软件检查飞行器是否设置了限制飞行高度； 　尝试升级飞行器和控制终端固件
无人机飞行时掉高	确认无人机飞行环境是否存在大风或气温突变的情况，影响气压计高度判断； 　检测飞行器散热通风模块是否有堵塞影响气压计判断； 　确认飞行器处于正确的飞行模式，检查控制终端油门杆是否有偏移； 　尝试重新校准 IMU，对于部分有下视距离传感器的机型，尝试进行设备校准； 　检查飞行器使用时长，升级飞行器固件

3. 维修

当无人机通过故障诊断及故障排除措施后仍无法达到作业要求，应将无人机寄送至原无人机制造商或经原无人机制造商授权的服务商进行维修。不同设备的维修方式不尽相同，常见的无人机维修内容见表 4－10。

表 4－10　　　　　　　　　　常见的无人机维修内容

序号	项　目	维　修　内　容
1	外壳	破损、变形严重应维修更换
2	桨叶	破损、变形严重应维修更换
3	机身主体	整体破损、变形严重应维修更换
4	脚架	破损、变形严重应维修更换
5	控制终端	外壳破损、变形严重需维修更换
6	挂载相机	外壳破损、变形严重需维修更换
7	充电器、连接线、存储卡、平板/手机、检测设备、电脑、存储箱、拆装工具等配套设施	破损、变形严重应维修更换
8	电调	无法正常工作，应维修更换

序号	项　目	维　修　内　容
9	天线	无法传输信号，应维修更换
10	对频	机身与控制终端无法重新对频
11	云台	连接部分变形、破损严重等，转动部分无法控制
12	电池	电池插口破损严重，排线断裂，电池破皮、鼓包，电压压差不符合要求等
13	发动机	发动机缸体出现漏油、堵转、无法启动等
14	电机	无法正常转动
15	机臂	变形、破损严重，无自检合格信号
16	飞控	变形、破损严重，无控制信号输出，无法正常工作
17	视觉及红外传感系统	无法感知及反馈信号

4.2　任务设备使用与维护保养

4.2.1　可见光成像设备使用与维护保养

4.2.1.1　可见光成像设备使用

（1）不要直接拍摄太阳或者强光。可见光成像设备在使用时尽量不要直接拍摄太阳或者强光，长时间对着强光很可能会损坏相机的测光系统。

（2）飞行前应确保镜头清洁。

（3）远离强磁场和强电场。强磁场或强电场会影响相机中电路的正常工作，甚至造成故障。因此不要把设备随手放在有强磁场和强电场的电气设备上。

（4）若在高温高湿的环境中使用，镜头容易发霉、电路易出故障。如果在潮湿环境中使用后或相机不慎被雨淋湿，要及时晾干或吹干。

（5）防烟避尘，不可在烟、尘很大的地方使用，迫不得已在此环境中使用后应及时清洁处理。

4.2.1.2　可见光成像设备维护保养

1. 清洁

相机的镜头要用专用的拭纸、布擦拭，以免刮伤。要去除镜头上的尘埃时，最好用吹毛刷，不要用纸或布；要湿拭镜片时，请用合格的清洁剂，不要用酒精之类的强溶剂。

2. 发霉处理

镜头发霉极轻微时，一般用干净的软毛刷或空气喷嘴清除里外所有的灰尘。清理镜头要用镜头专用的软毛刷或是擦拭眼镜用的鹿皮，药水可在镜头脏时才用，但不可直接滴在镜头上，要滴在鹿皮或拭镜纸上再擦，不可用面纸。除镜头外，其他部分可用稀释过的药水加鹿皮来轻擦，去除脏污及指纹。准备有封口的透明塑胶袋置入相机，放入一个除湿剂，再放入一张白纸（标明保养日期），即可封口。

3．设备存放

可见光成像设备不使用时应先检查确认电源已经关闭，然后保存到相机袋里。较长时间不用时，应把电池取出来，防止有些电池漏液而损坏机件。

4.2.2　红外成像设备使用与维保

4.2.2.1　红外成像设备的基本知识

自然界中的物质都是由持续运动的分子组成的，热的分子要比冷的运动得更快。热能总是不可逆地从高能级区域向低能级区域转移，此过程不可逆。热的传递方式有三种，即传导、对流和辐射。辐射是真空中唯一的导热方式。由于黑辐射体的存在，任何物体都依据温度的不同对外进行电磁波辐射。所有高于绝对零度（－273.15℃）的物体都能产生热辐射（红外辐射）。

红外成像设备是利用红外探测器和光学成像物镜接受被测目标的红外辐射能量，并将其分布图形反映到红外探测器的光敏探测器上，从而获得红外热像图，这种热像图与物体表面的热分布场相对应。换言之，也就是将物体发出的不可见红外辐射能量转变为可见的热图像。热图像上不同颜色代表被测物体的不同温度，红外成像设备如图 4-4 所示。

红外成像是一门使用光电设备来检测和测量辐射并在辐射量与表面温度之间建立相互联系的科学。辐射是指辐射能（电磁波）在没有直接传导媒体的情况下移动时发生的热量移动。所有高于绝对零度（－273.15℃）的物体都

图 4-4　红外成像设备

会发出红外辐射，通过查看热图像，可以观察到被测目标的整体温度分布状况，研究目标的发热情况，从而进行下一步工作的判断，变压器接头过热如图 4-5 所示。输电线路检测如图 4-6 所示。

图 4-5　变压器接头过热

图 4-6　输电线路检测

4.2.2.2　设备构成

红外设备的构成包括五个部分，即：

（1）红外镜头。接收和汇聚被测物体发射的红外辐射。

（2）红外探测器组件。将热辐射信号转变成电信号。

（3）电子组件。对电信号进行处理。

（4）显示组件。将电信号转变成可见光图像。

（5）软件。处理采集到的温度数据，转换成温度读数和图像。

4.2.2.3　红外设备的正确使用方法和安全注意事项

（1）调整焦距。要在红外图像存储之前完成，如果目标上方或周围背景过热或过冷的反射影响到目标测量的精确性时，试着调整焦距或者测量方位，以减少或者消除反射影响。

（2）正确的测温范围。在测温之前，应当对红外设备的测温范围进行微调，使之尽可能符合被测目标温度。

（3）最大的测量距离。红外设备与被测目标距离应当适中，距离过小会导致无法聚焦为清晰图像，距离过大导致目标太小难以测量出真实温度。

（4）保持仪器平稳。就像照相时需要防抖动一样，使用红外设备时应保证在按下存储键时动作轻缓、平滑，使图像精准不模糊，建议使用红外设备时，将其放在平面上，或者用三脚架支撑，使其更加稳定。

（5）红外设备生成清晰红外热图像的同时，还要求精确测温，红热外图像能够用来测量现场温度情况，精确测温则是进一步测量其他温度情况，包括发射率、风速及风向等。

掌握正确使用红外设备的方法，能够降低意外故障的发生概率。

4.2.3　激光雷达设备使用与维保

4.2.3.1　激光雷达设备基本知识

机载激光 LiDAR 系统中的测距单元包括激光发射器和接收器，激光扫描是主动工作方式，由激光发射器产生激光，而由扫描装置控制激光束发射出去的方向。在接收器接收被返回来的激光束后由记录单元进行记录。无人机常用激光雷达系统如图 4-7 所示。

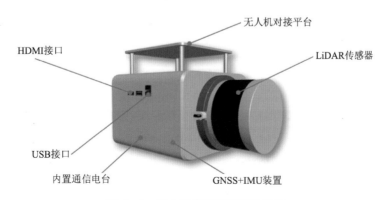

图 4-7　无人机常用激光雷达系统

4.2.3.2　激光雷达设备使用

1. 飞行前准备

（1）无人机。检查遥控器、智能飞行电池以及移动设备电量是否充足，检查螺旋桨等易损件是否需要更换，上电检查电机是否正常工作，检查指南针罗盘是否异常等，检查相机内存卡是否正常，通电检查云台工作是否正常。

（2）LiDAR 设备检查。检查 LiDAR 和 GPS 天线连接是否正确，检查设备内存是否已满，检查供电电池电量、设备连接处连接是否正常。

（3）航线规划。首先利用 Google Earth 和 GPS 查看测区的高程图，了解测区海拔以及测区地形变化，计算出最高海拔。计划飞机飞行高度可以避免撞山、撞树情况。无人机地面站下载好测区地图。

其次向对接负责人或者当地居民了解周边有无机场、军事基地、雷达测区等敏感区域。

最后到测区场地进行实地勘察，选择合理的起飞点，要求 5m×5m 以上的空地，尽量靠近测区以减少无人机进入测区的距离。

输电线带状区域尽量走直线；必须拐弯时航点远离测区拐弯，尽可能多设点，增大转弯半径，避免原地掉头。航线超出测区范围 50m 以上，航带重叠率达 30%。

（4）基站架设。基站位置要求：地面基础稳定，利于数据的保存，附近不应有强烈反射卫星信号的物体（如大型建筑物等）；远离大功率无线电发射源（如电视台、电台、微波站等），其距离不应小于 200m；远离高压输电线和微波无线电信号传送通道，其距离不应小于 50m；针对精度要求高的项目，三脚架需设在选定的基站点上，高度适中、脚架踏实、严格对中整平。

基站天线斜高量测方法可以量测基站架设的地面中心到 GPS 护圈下沿的高度，测量 3 次以上并取平均值。

2. 飞行中操作

无人机设备应放置到开阔、周围无遮挡的区域。RTK 天线垂直放置在三脚架上，要求周围开阔无遮挡。电台通电后"Power"指示灯长绿说明设备已开始正常工作。

3. 飞行后数据处理

（1）数据下载。

（2）运用数据预处理与检查软件进行数据检查。

（3）数据内业处理，生成报告。

4.2.3.3　激光雷达设备维保

1. 设备使用注意事项

为保证设备可靠使用及人员的安全，请在安装、使用和维护时，遵守以下事项：

（1）注意对扫描镜的保护，防止划伤扫描镜的表面。

（2）安装时轻拿轻放，防止仪器跌落或受到冲击。

（3）在扫描前，请确保扫描镜干净无尘。

（4）避免在温度突变时工作，防止损伤设备。

（5）操作过程中，禁止身体任何部位直接接触激光雷达扫描头。

（6）如设备需要搬运，务必装箱运输。

（7）设备的运行环境为 0～40℃，遇有雨、雪、雾、沙尘等恶劣天气应停止作业，一方面可防止设备损伤，另一方面可保证测量精度。如在工作过程中突发恶劣天气，请及时将设备移至安全处。

（8）拔出电源线时请捏住连接器两端，禁止暴力插拔。

2. 激光雷达扫描仪维护

（1）开启设备前，检查扫描仪窗口是否清洁，若有污染应立即清理。

（2）设备使用完后，检查扫描仪扫描窗口是否有污染，如有污染应立即清理。

（3）常规清理，利用专用镜头纸轻轻擦拭激光雷达扫描窗口，以转圈的方式从内向外擦拭。

注意：在清理前请确认设备已经处于关闭状态；清理过程中注意手或身体其他部位不要直接接触激光雷达扫描窗口。

3. 设备存储

（1）激光雷达设备的存储温度范围是 -10～$60℃$，存储环境要求通风干燥。

（2）存储之前必须确保所有电源关闭，激光雷达防尘盖、相机镜头盖都已盖上。

（3）存储时间超过一个月，应对其进行通电测试。

4. 设备运输

（1）激光雷达设备在运输过程中，应采用出厂时配备的包装箱。

（2）若因特殊情况需要需另行包装，请确保包装箱具有一定的抗压性，并在箱外贴上"精密仪器""小心轻放""易碎"等标识，避免设备损坏。

（3）仪器为精密仪器，运输和搬运过程中防止猛烈撞击，避免仪器内的光学部件损坏或引起方向偏离。

4.2.3.4　常见问题及解决方式

（1）数据采集时，点击工具栏中 Connection 图标，软件提示"Connection failed, Please try again!"，可能原因如下：

1）电脑 IP 设置不正确，检查电脑 IP 设置是否正确。

2）机载设备未供电，打开机载设备电源，等待 1min 后再次进行连接。

3）USB 线接触不良，重新进行电台和电脑的连接。

4）电脑 USB 口损坏，建议更换 USB 口或者笔记本电脑进行测试。

5）电台天线未充分紧固。

6）设备未正常启动，检查激光雷达设备是否 4 个灯都为常亮状态。

7）USB 线损坏，更换 USB 线。

8）检查电脑 Wi-Fi 是否禁用，若未禁用，则将 Wi-Fi 禁用后再次进行连接。

（2）相机未采集照片（SD 卡内无采集的影像数据），可能原因如下：

1）控制软件中的相机触发方式选择错误，需选择为"Trigger By Interval"。

2）相机 SD 卡被拨到硬件写保护状态（图 4-8），需解除这一状态。

3）检查 SD 卡的系统文件是否被删除，如是需要重新拷贝一份系统文件（建议对 SD 卡系统文件进行备份）。

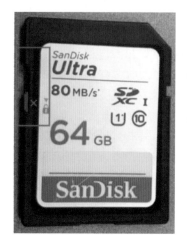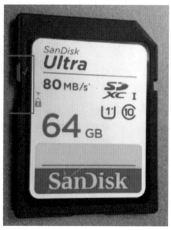

图 4 - 8　SD 卡硬件写保护状态及正常状态

（3）拍摄得到的影像为全黑。原因可能为设备起飞前，未取下镜头盖。需要将镜头盖取下后，重新进行数据采集。

（4）点击"Save to U Disk"，数据下载速度较慢。原因可能为 U 盘格式不正确，可在下次数据下载前，将 U 盘格式化为"exFAT"格式（注意 U 盘内数据的备份）。

（5）控制软件界面提示"Error：Failed to Mount SD Card！"。检查界面中提示的内存卡剩余空间是否足够，若剩余空间为 0MB，清空存储后再进行数据采集。

4.3　无人机巡检系统调试

无人机巡检系统调试包括电机座校准、电机性能检测和分析、旋翼桨迎角测量和分析等无人机动力系统相关工作；能熟练完成机载卫星导航定位、惯性导航、地磁测量和高度测量等模块的功能检测和性能分析；能熟练完成地面站软件功能设置和漏洞分析；能熟练完成数传和图传链路的组装、性能检测和分析；能熟练完成遥控器参数设置与性能调试；能熟练完成无人机巡检系统重心调整，并评估系统飞行性能；能熟练完成整套无人机巡检系统的拆解和组装工作等内容，具体包括以下内容。

4.3.1　无人机巡检系统组装步骤

无人机巡检系统组装步骤如图 4 - 9 所示。

4.3.2　电机性能检测和分析

地面拆除螺旋桨，姿态或者 GPS 模式启动，启动后将油门推至 50%，大角度晃动机身、大范围变化油门量，使飞行控制系统输出动力。仔细聆听电机转动声音并测量电机温度。测试需要逐渐增加时间，如电机温度正常，一开始测试 30～60s 递增。测试用以检测电机与电调是否因兼容性问题，导致电调输出交流相位与电机不匹配造成电机堵转而

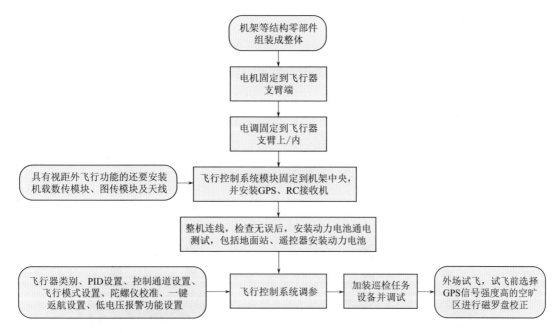

图 4-9 无人机巡检系统组装步骤

坠机。

4.3.3 地磁校准

无人机首次使用必须进行地磁校准，指南针才能正常工作。指南针易受到其他电子设备干扰而导致数据异常影响飞行，经常校准可使指南针工作在最佳状态。巡检系统地磁校准方法如图 4-10 所示。步骤一为水平旋转飞行器约 360°（保持机头朝外），当 LED 飞行指示灯显示绿灯常亮时，水平校准完成。步骤二为垂直旋转飞行器约 360°（机头朝下），当 LED 飞行指示灯显示绿灯闪烁时，校准完成。

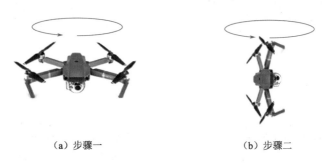

（a）步骤一　　　　　　　　　（b）步骤二

图 4-10 无人机巡检系统地磁校准方法

4.3.4 IMU 校准

IMU 校准是无人机安全飞行的重要前提条件，在开机自检后系统提示异常的情况下，一定要先进行校准，再进行下一步。

　　无人机受到大的震动或者放置不水平，开机时会显示 IMU 异常，此时需重新校准 IMU。

图 4-11　无人机水平放置

　　（1）校准 IMU 前需将飞行器机臂展开，放置在水平桌面上，为确保安全，先拆卸桨叶。

　　无人机水平放置如图 4-11 所示。

　　（2）打开飞机遥控器，将其与 App 连接，如图 4-12 所示。

　　（3）当飞行器和 App 连接正常后，点击【飞控参数设置】，飞控参数设置界面如图 4-13 所示。

　　（4）点击【高级设置】，高级设置界面如图 4-14 所示。

图 4-12　遥控器与 App 连接

图 4-13　飞控参数设置界面

图 4-14　高级设置界面

　　（5）点击【传感器状态】，传感器状态界面如图 4-15 所示。

　　（6）点击【校准传感器】，接着点击开始，校准传感器界面如图 4-16 所示。

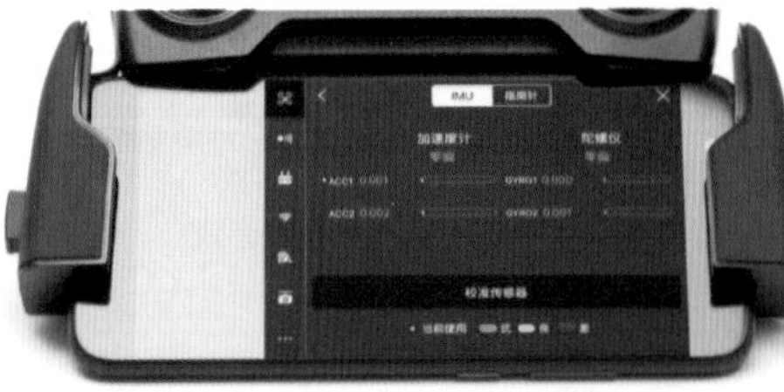

图 4-15　传感器状态界面

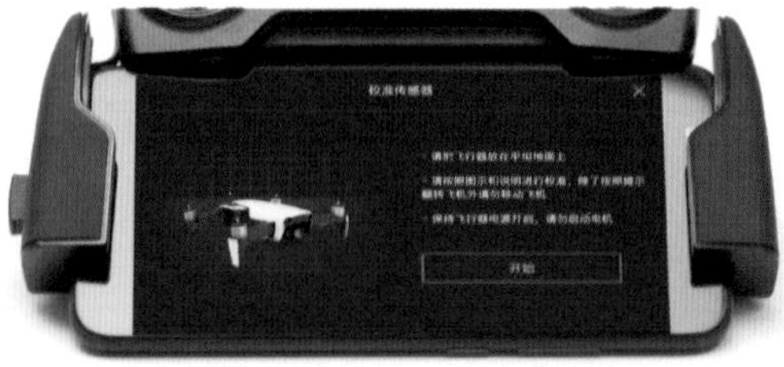

图 4-16　校准传感器界面

（7）接下来依次按照提示，完成飞行器六个方向的校准，如图 4-17 所示。

全部完成后，App 会提示 IMU 校准成功，校准时长为 5~10min。如果校准失败，再按照上述步骤重试。

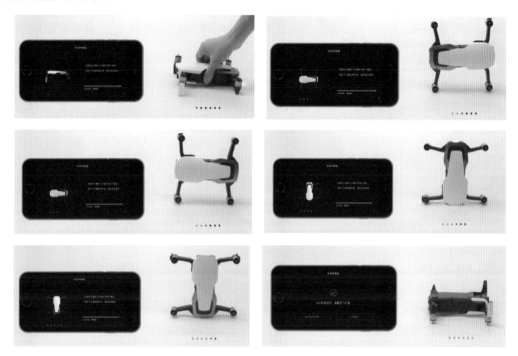

图 4-17   六个方向的校准示意图

4.4   保障设备使用

4.4.1   风速仪使用

常用的风速仪包括翼状风速计、转杯风速仪、热线风速仪和热球风速仪。

转杯风速仪易于使用，但其惯性大、抗机械摩擦，只适用于较大的风速测定。

电气热球风速仪是一种可以检测到低风速的仪器，测量范围为 0.05~10m/s，它是由热球探头和测量杆两部分构成。

风速仪如图 4-18 所示。

（1）风速仪的使用方法。

1）将电池装入电池仓，然后进入待机模式，装上电池盖。

2）按"MODE"键 2s 左右开机，LCD 屏幕显示风速及温度，同时背光灯亮 15s 后熄灭。

3）按"MODE"键保持 3s，风速计进入设置状态，此时可看到"m/s"的风速单位闪动，按"SET"键选择风速温度。

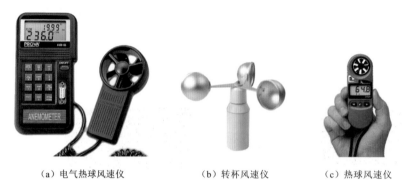

(a) 电气热球风速仪　　　　(b) 转杯风速仪　　　　(c) 热球风速仪

图 4-18　风速仪

4) 按背部转换开关，可实现单位转换。

5) 每按任何一键背光灯保持 12s 左右熄灭。

6) 当风叶转动时可实现风速测量，屏幕上同时显示风速值和温度值。

7) 同时按"MODE"与"SET"键关机，开机 15min 无操作则自动关机。

(2) 风速仪使用时的注意事项：

1) 禁止在可燃性气体环境中使用风速计。

2) 禁止将风速计探头置于可燃性气体中。

3) 不要拆卸或改装风速计，否则可能导致电击或火灾。

4) 请依据使用说明书的要求正确使用风速计。使用不当可能导致触电、火灾和传感器的损坏。

5) 在使用中，如遇风速计散发出异常气味、声音或冒烟，以及有液体流入风速计内部，请立即关机取出电池。

6) 不要将探头和风速计本体暴露在雨中。

7) 不要触摸探头内部传感器部位。

8) 风速计长期不使用时，请取出内部的电池。

9) 不要将风速计放置在高温、高湿、多尘和阳光直射的地方。

10) 不要用挥发性液体来擦拭风速计。

11) 不要摔落或重压风速计。

12) 不要在风速计带电的情况下触摸探头的传感器部位。

4.4.2　便携式充电器

随着无人机在电网巡检中的大量应用，其一天的巡检需要大量的电池供应，因为巡检地点大多在野外，情况复杂，地域广阔，缺少电力供应，用电困难，没有条件对无人机电池充电，所以只能够靠携带大量的电池来维持全天的巡检工作。大量的电池便携性较差，且无人机电池的费用较高，配置大量的无人机电池成本很高，使用户外电源进行充电可以解决上述问题。

目前由于各型号无人机的电池电压、接口等不同，只能使用配套的充电管家、充电箱等。主流电网巡检无人机充电信息表见表 4-11。

表 4-11　　　　　　　　　　　　主流电网巡检无人机充电信息表

序号	无人机型号	无人机电池型号	充 电 设 备	充电设备
1	M30	TB30：5880mAh/131.6Wh 26.1V	BS30 电池箱，输入：100～240V（交流），输出：525W，最多两个接口输出，接口参数：26.1V、8.9A	
2	M300	TB60：5935mAh/274Wh 52.8V	BS30 电池箱，输入：100～240V（交流），最大 1070W，输出：992W，最多两个接口输出，接口参数：52.8V、8.9A	
3	精灵 4RTK	PH4：5870mAh/89.2Wh 15.2V	充电管家，输入：100～240V（交流），最大 160W，输出：55W，最多一个接口输出，接口参数：8.7V、6A	
4	御 3	M3：5000mAh/77Wh 17.6V	充电管家，输入：100～240V（交流），最大 65W，输出：65W，最多一个接口输出，接口参数：8.7V、7A	
5	御 2 行业进阶版	M2：3850mAh/59.29Wh 17.6V	充电管家，输入：100～240V（交流），最大 60W，输出：60W，最多一个接口输出，接口参数：17.6V、3.53A	
6	EVO Ⅱ Pro	7100mAh/82Wh 11.55V	充电管家，输入：100～240V（交流），最大 66W，输出：66W，接口参数：13.2V、5A	

　　户外输出电源为 220V（交流），使用原装充电器对无人机电池进行充电，目前市面上的户外电源已经十分成熟，厂商类别、容量和功能均比较丰富。某户外电源 2200V 参数说明截图如图 4-19 所示。

图 4-19　某户外电源 2200V 参数说明截图

以目前主流的便携式充电器户外电源 2200 为例，其容量 1879Wh、重量约 19.6kg、最大可输出功率 2200W。

1. 操作注意事项（正确保管和使用设备）

（1）保持电源设备干燥。

1）湿气和液体会损坏设备部件或电路。

2）设备潮湿时请勿开机。如果设备已开机，请立即将其关闭（如果设备无法关机，请维持现状）。

（2）勿在灰尘集中区域使用或存放设备，灰尘或异物可能导致设备故障、引起火灾或触电。

（3）设备只能存放在平整的表面上，如果设备滑落，则会被损坏。

（4）勿将设备存放在过热或过冷的地方。请在 -20～45℃ 之间的温度范围内使用设备。

1）如果将设备放在封闭的车辆内，由于车辆内部温度在夏季时可高达 80℃，因此设备可能处于危险状态。

2）勿将电源长时间置于阳光直射环境下，如放在汽车仪表板上。

3）为本电源充电时，作业温度应该保证在 0～45℃ 之间。

（5）勿在热水器、微波炉、炙热的煮食设备或高压容器附近或内部存放设备，设备可能会过热而引起起火。

（6）勿使设备滑落或对其造成碰撞，这样可能会损坏设备的屏幕。如果弯折或将其变形，可能会损坏设备或使零件出现故障。

（7）清洁设备时：

1）用干毛巾或橡皮擦擦拭设备或充电器。

2）勿使用化学物质或清洁剂。

（8）确保电池和充电器达到最长使用寿命。

1）长时间闲置电源会导致电池电量耗尽，请确保每间隔 6 个月充电一次。

2）长期放置后（电量显示是 100%，但由于电池自耗电特性以及控制板微弱电流的长期损耗，实际电池电量会小于 100%）再取出电源使用时，请为电源完全充满电之后再使用。

3）充电器闲置不用时，需断开电源。

4）电源设备只能用于指定用途。

5）为使电池寿命长，请在使用时不要将电量放到 0%，最好剩余 10% 时重新充电再使用。

2. 电源充电相关事项

（1）用配套的电源充电器充电，充电时，需要将电源线八字尾一端插到适配器八字尾插座中；适配器另一端直流输出头接上电源充电接口，电源线另一端接上 220V 交流市电，即可给电源充电，如图 4-20 所示。

（2）用太阳能板给电池充电时只需要将连接线的一端连接上太阳能电池板，另外一端插入电源充电接口，即可以为电源充电，如图 4-21 所示。需要注意的是，太阳能板最高电压不超过 30V，最低电压不低于 13V。

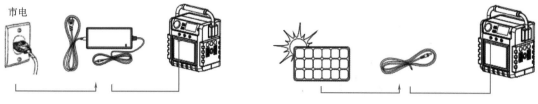

图 4-20　电源充电　　　　　　　　　　　图 4-21　太阳能充电

3. 使用交流电相关事项

（1）打开交流输出开关，电池电量显示屏将自动开启，并显示剩余电量。

（2）核对检查负载输入电压和频率是否对应。

（3）再检查负载功率，并确保它不超过本电源的额定功率。

（4）将负载插入到本交流电源插座，打开负载开关。

（5）在使用完电源后，按下开关关闭电源交流输出。

（6）如果此时电源的电量用完或电量不足，请及时为电源充电，方便下次使用。

注意：当停止使用电源时，请务必关闭交流电源的开关。否则电源将在高能自消耗模式，消耗电源的储存电量，有可能导致过放电损坏电池。

4. 如何使用直流输出

直流 12V 输出，其额定电流为 8A，过载电流为 15A，在使用大电流时，请保证接口可以通过大电流，防止接口温度过高，损坏电源。

直流 12V 点烟连接器，其额定电流为 8A，过载电流为 15A，在使用大电流时，请保证接口可以通过大电流，防止接口温度过高，损坏电源。

按下 USB 输出/亮屏开关时，USB 输出功能开启，再按一次按钮 USB 输出功能关闭。

5. 故障排除

常见故障见表 4-12。

表 4-12　　　　　　　　　　　　　　常　见　故　障

故 障 现 象	故 障 原 因	故 障 排 除
按任何开关，无显示或输出	内部电池保护	充电激活
按交流开关，无交流输出，液晶屏正常显示	过温	断开负载待冷却后使用
	过载	查看负载功率并减小负载
	低压	充电
USB 无输出	USB 输出/亮屏开关未开	按一下 USB 输出/亮屏开关
12V 或 USB 直流掉电快	交流开关处于打开状态，待机电流过大	直流输出过程中不使用交流，请关闭交流开关
用太阳能电池板不能完全充满电	（1）太阳能充电板不匹配；（2）阳光不充足	选择合适的太阳能电池板，充电时电压不低于 13V

4.4.3　万用表使用

万用表分为数字万用表和指针万用表两大类，如图 4－22 所示。

（a）数字万用表　　　　　　　　（b）指针万用表

图 4－22　万用表

4.4.3.1　万用表的使用

（1）在使用万用表之前，应先进行"机械调零"，即在没有被测电量时，使万用表指针指在零电压或零电流的位置上。

在使用万用表过程中，不能用手去接触表笔的金属部分，这样一方面可以保证测量的准确性，另一方面也可以保证人身安全。

在测量某一电量时，不能在测量的同时换挡，尤其是在测量高电压或大电流时更应注意。如需换挡，应先断开表笔，换挡后再去测量。

万用表在使用时必须水平放置，以免造成误差。同时，还要注意到避免外界磁场对万用表的影响。

万用表使用完毕后，应将转换开关置于交流电压的最大挡。如果长期不使用，还应将万用表内部的电池取出来，以免电池腐蚀表内其他器件。

（2）欧姆挡的使用。

1）在欧姆表测量电阻时，应选择适当的倍率，使指针指示在中值附近。

2）使用前要调零。

3）不能带电测量。

4）被测电阻不能有并联支路。

5）测量晶体管、电解电容等有极性元件的等效电阻时，必须注意两支笔的极性。

6）用万用表不同倍率的欧姆挡测量非线性元件的等效电阻时，测出的电阻值是不相同的。这是由于各挡位的中值电阻和满度电流各不相同所造成的。在机械表中，一般倍率越小，测出的阻值越小。在万用表测直流电量时进行机械调零。

4.4.3.2　万用表的日常维护及保养

（1）拨动开关时用力适度，避免造成不必要的开关金属片损坏。

（2）数字万用表要防潮。

（3）仪表结构精密，应减少不必要的灰尘掉落。

（4）避免强烈的冲击与振动。

（5）避免在磁场较强的范围使用。

（6）万用表定期校准，校准时应选用同类或精度较高的数字仪表，按先校直流档，然后校交流档，最后校电容档的顺序进行。

（7）万用表不使用时，应当断开电源，长期不使用时应取出电池单独存放，以免电池溶解液流出腐蚀机内零件。

4.4.4　卫星导航定位设备使用

以某品牌手持卫星导航设备为例，主机下部设计为 6 个按键和 3 个指示灯。6 个按键为电源键、复位键、WINDOWS 键（开始键）、OK 键及左、右功能键；3 个指示灯分别为电源指示灯（红灯）、卫星指示灯（蓝灯）、无线数据指示灯（黄灯），如图 4-23 所示。

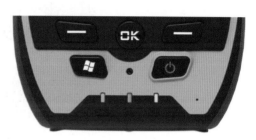

图 4-23　某品牌手持 GPS

电源指示灯：开机后电源灯即常亮。

卫星指示灯：开机后，灯不亮；若打开应用软件后再退出，卫星灯熄灭不亮；此后只有在打开串口有数据时卫星灯才会亮，关闭串口灯熄灭。

无线数据指示灯：连接上 Wi-Fi 时常亮，退出 Wi-Fi 连接时指示灯熄灭。某品牌手持卫星导航设备如图 4-24 所示。

开机：长按电源键 1s，此时电源指示灯亮，出现开机画面，30s 后可进入到操作系统。

关机：长按电源键 2s 弹出关机对话框，可选择需要的操作；也可以在出现了关机对话框后继续保持长按 1s 直接关机（即长按 3s 关机）。

休眠和唤醒：开机状态下，短按电源键进入休眠状态，此时显示屏关闭，再次短按电源键时即可唤醒，点亮显示屏恢复到工作界面（3G 和 Wi-Fi 在休眠模式下会断开连接，唤醒后会自动重连）。

电池规格：设备内置 11.1V、2600mAh 锂电池，可拆装。在正常环境下，当背景光和声音都设置为中间值时，满电电池可连续工作 10h 左右，能够满足用户工作一天的需求。在实际工作中，根据具体情况适当调低背景光亮度，可适当延长工作时间。为使电池工作时间持续更长，可以采取以下措施：①合理使用背光；②合理调节音量；③保持数据采集器的温度。

使用注意事项：

（1）请不要擅自拆开 GIS 数据采集器。

（2）请严格按照说明书使用或存放产品。

（3）在使用过程中请注意保护，避免不必要的伤害。

图 4-24　某品牌手持卫星导航设备

（4）产品所配电池、电源适配器等配件均为专用配件，禁止与其他配件配套使用。

4.4.5　电池电压检测仪使用

"BB"响低压报警器如图 4-25 所示。用于 1～8s 锂电池的电压检测，自动检测每片电芯的电压和总和电压实现低压报警，使电池不会因为过放或者过充造成伤害。

图 4-25　"BB"响低压报警器

　　"BB"响低压报警器的使用步骤：测电器负极对应电池上负极，测电器的其他针脚插到电池接头上，听到测电器"B，B"两声响，表示正常（注意：如没有显示或者报警，可以把电池的平衡接头旋转180°重新插）。

　　LED数显测电器如图4-26所示。

图4-26　LED数显测电器

　　LED数显测电器使用步骤：将电池平衡接头接入正负极接口（注意：正负极不要接错），按TYPE键可依次选择LI-PO（锂聚合物电池）、LIFE（锂铁电池）、LI-ION（锂离子电池）。按CELL键可依次显示每片电池的电压和剩余电量。按MODE键可依次显示电池电压、单片电压、单片最高电压、单片最低电压、单片最高及最低电压差。可显示2~6s镍氢和镍镉电池的总片数和总电压。

　　电池电压检测仪保存的注意事项有：

　　（1）防潮，若屏幕受潮会变得模糊不清及损坏。

　　（2）使用防尘保护胶套。

　　（3）避免强烈的冲击与振动。

4.4.6　充电设备的使用

　　充电设备一般可分为并行式平衡充电器和串行式平衡充电器。

1. 并行式平衡充电器

　　并行式平衡充电器给被充电电池内部串联的每节电池都配备一个电镀的充电回路。每节电池都受到单独保护，并且每节电池都按规范在充满后自动停止充电，并行式是平衡式充电的最高形式。并行式平衡充电器如图4-27所示。

2. 串行式平衡充电器

　　串行式平衡充电器充电回路接线是在电池的输出正负极上，在各单体电池上附加一个并联均衡电路，常采用不同的工作原理对单体电池电压进行平衡。

　　PL8智能充电器如图4-28所示。其具有1344W输出功率，可冲LI-LON-PO-FE、Nice/NiMH、等多种型号电池，主要用于动力电池的充电以及外场快速充电。

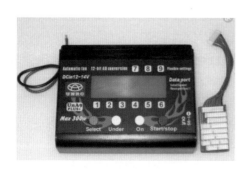

图4-27　并行式平衡充电器

图4-28　PL8智能充电器

4.4.7　点温枪使用

红外光谱的波段位于可见光以外，比如 FLIR 红外设备是通过非接触探测红外能量（热量），将其转换为电信号，进而在显示器上生成热成像和温度值，并可以对温度值进行计算的一种检测设备。点温枪如图 4 - 29 所示。

点温枪使用注意事项：

（1）在进行测量的时候，应该要确保测量过程的平稳性。

（2）在红外热成像仪的使用过程中，应要调整一个合适的焦距。

（3）在测量时，应要选择正确的测量距离。

4.4.8　频谱仪使用

频谱仪能分析射频以及微波信号，测量的信号包括功率、频率以及失真产物等。下面介绍频谱仪的使用方法以及注意事项。

频谱仪如图 4 - 30 所示。

图 4 - 29　点温枪

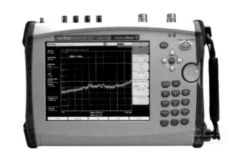

图 4 - 30　频谱仪

频谱仪的一般操作步骤为

（1）按下 Power On 键开机。

（2）开机 30min 后自动校准，先按 Shift＋7（cal）键，之后再按 cal all 键，这个过程会持续 3min 左右。

（3）校准好之后设置中心频率数值，按下 Freq 键之后会看到显示的数值以及单位。

（4）按 Span 键输入扫描的频率宽度大概值，然后键入单位。

（5）按 Level 键输入功率参考点电平 Ref 的数值，然后键入单位。

（6）按 Ref offset on 键输入接头损耗、线耗以及仪器之间的误差值。

（7）按 B w 键分别设置带宽 RBW 和视频宽度 VBW。

（8）按 Sweep 键，再按 SWP time AUTO/MNL 键输入扫描时间周期，键入单位。

（9）按 Shift＋Recall 键，将设置好的信息保存。

（10）按 Recall 键，选择需要调用信息的位置按 NETAR，将需要调用的信息调出；按下 PK SRCH 键可读出峰值数值，从而判断峰值是否合格。

频谱仪的使用注意事项：在频谱仪使用过程中应选择比较平稳的支撑面，这样可以避免一些意外事故。使用位置要与电源有适当的距离，这样可以避免拉扯电源线太长。不能在浴室等潮湿的环境下使用。衣物、肌肤不能直接与辐射体相接触。手指还有其他尖锐物品等不能插入防护网罩里面，以避免不必要的电击事故。频谱仪在通电之后不能使用毛巾等物覆盖，不然会由于温度过高发生危险。

4.4.9　便携式发电机使用

在作业时为解决外场充电的需求，往往需要为充电设备配发电机，一般选用质量比较轻的汽油发电机，便携式汽油发电机一般由动力部分和发电机部分组成，根据动力部分的不同一般分为两冲程发电机（图4-31）和四冲程发电机（图4-32），对于同样的输出功率指标，两冲程发电机重量较轻，成本较低，工作噪声大，油耗高，使用混合油润滑的方式，发动机废气排放污染比较严重。四冲程发电机运行比较平稳，噪声小，废气排放对环境的污染比两冲程小很多，油耗也很低，但是成本比两冲程的要高。

图4-31　雅马哈两冲程发电机

图4-32　开普四冲程发电机

4.5　无人机设备台账的建立与维护

4.5.1　设备台账的建立

4.5.1.1　系统台账

无人机设备台账内容一般包括无人机设备购置台账、无人机设备使用台账、无人机设备维修保养台账、无人机设备报废台账以及无人机配件使用台账等。其中，××无人机设备购置台账见表4-13。

××无人机设备维修保养台账见表4-14。

××无人机设备报废台账见表4-15。

××无人机配件使用台账见表4-16。

　　无人机设备台账作用：对无人机各部件的使用情况和设备状态可以追溯，督促操作人员正确使用设备，按时保质维护保养设备保证其正常运行，防止设备故障和事故的发生，延长设备使用寿命，充分发挥设备性能，创造更高的经济效益。

表 4-13　　　　　　　　　　××无人机设备购置台账

				××无人机设备购置台账							
序号	资产编号	设备编号	数量	设备名称	型号	规格	制造厂商	购入日期	负责人	设备状态	备注
1											
2											
3											
4											

表 4-14　　　　　　　　　　××无人机设备维修保养台账

				××无人机设备维修保养台账						
序号	资产编号	设备编号	设备名称	型号	维修保养项目	维修保养日期	下次保养日期	设备目前情况	负责人	备注
1										
2										
3										
4										

表 4-15　　　　　　　　　　××无人机设备报废台账

			××无人机设备报废台账				
序号	资产编号	设备编号	设备名称	型号	报废原因	报废日期	负责人	备注
1							
2							
3							
4							

表 4-16　　　　　　　　　　××无人机配件使用台账

			××无人机配件使用台账				
序号	资产编号	设备编号	设备名称	型号	领用机型	库存数量	负责人	备注
1							
2							
3							
4							

4.5.1.2　无人机实名登记系统

1. 系统注册及登录

（1）用户注册。打开浏览器，在地址栏输入系统地址"https：//uom. caac. gov. cn"
或"https：//uas. caac. gov. cn"，点击免费注册按钮进行注册，如图 4-33 所示。

图 4-33　用户注册界面

进入注册页面后，首先填写注册信息，并选择用户类型为单位。用户账号注册界面如
图 4-34 所示。

图 4-34　用户账号注册界面

需要注意的是，一个手机号可同时注册个人用户及单位用户，但用户名需不同。

选择单位用户后，将进入单位信息录入界面，根据单位实际情况选择填写单位名称、
有无统一社会信用代码、法人代表姓名、法人代表身份证号、注册人姓名、注册人身份证
号及单位注册地址等信息，提交后系统将调用 2A 平台企业信息校验接口对单位信息正确

性进行校验，校验通过后完成单位用户注册。用户注册步骤如图 4 - 35 所示。

图 4 - 35　用户注册步骤

需要注意的是，若单位无统一社会信用代码，则用户登录系统后需上传单位证明材料，由民航局相关管理部门人工审核通过后方可进行系统操作。

（2）用户登录。单位用户注册完成后将返回至登录页面。系统登录支持账号密码及手机号码两种登录方式，用户登录界面如图 4 - 36 所示。

图 4 - 36　用户登录界面

（3）忘记密码。若忘记密码，系统支持密码的自助找回。通过点击首页的忘记密码按钮，可实现利用用户账号或手机号两种方式进行找回。密码自助找回界面如图 4 - 37 所示。

输入用户名或手机号后，系统将向用户注册时预留的手机号码发送验证码。验证身份界面如图 4 - 38 所示。

输入新密码后，即可完成密码的自助修改。重置登录密码界面如图 4 - 39 所示。

图 4 – 37　密码自助找回界面

图 4 – 38　验证身份界面

图 4 – 39　重置登录密码界面

2. 实名登记

由无人机拥有者利用实名登记功能进行登记。点击实名登记功能后，首先进入登记列表页面。该列表将展示该用户所有已登记过的无人机信息，如图 4-40 所示。

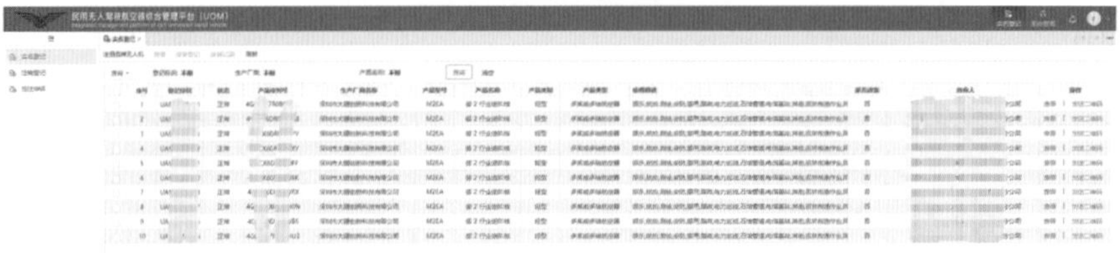

图 4-40　已登记过的无人机信息

对于该无人机，系统支持查看及发送实名登记二维码功能，点击发送二维码按钮，系统会将该二维码的 pdf 文件发送至注册人的邮箱中，以便无人机拥有者将该二维码打印并粘贴到无人机机身上。二维码生成界面如图 4-41 所示。

图 4-41　二维码生成界面

点击左上角注册品牌无人机按钮，打开实名登记功能，用户可按照实际情况选择无人机厂商、型号，并填写机身序列号进行实名登记，如图 4-42 所示。

需要注意的是，登记成功后，系统会自动发放二维码到用户邮箱，已实名登记的无人机无法重复注册。

4.5.2　设备台账维护

无人机巡检操作人员应严格按照无人机设备管理相关规定，对无人机设备台账进行维护，熟悉设备使用、维保等信息模块，并能熟练使用设备台账。设备台账接口通过调用业务中台台账信息和回传飞行状态和飞行轨迹信息，一方面从业务流转下发方向将业务中台的线路台账以请求方式调取到无人机巡检数据库供查看，另一方面将业务中台的线路台账调取到无人机应用界面供巡检计划、任务工单编制和流转；从业务流转上行方向将无人机作业状态回传到管理信息大区。

图 4-42 实名登记界面

1. 设备台账查询

（1）未登录班组成员先通过输入登录账号、登录密码登录无人机巡检系统。登录后进行操作，跳转到巡检作业情况统计页面。

（2）根据单位进行模糊查询。

（3）系统调取业务中台的台账信息，数据中台展示查询结果：查询成功，展示查询到的巡检作业数据；查询失败，给予反馈提示。

2. 设备台账应用

（1）检修班组在管理信息大区编制巡检计划。

（2）通过无人机台账接口从业务中台调取无人机台账信息。

（3）巡检计划生成的任务工单通过无人机台账接口调取业务中台台账信息。

（4）通过调用业务中台台账信息可以查询管理信息大区无人机数据库基础台账信息。

第5章
无人机巡检电网设备及运行要求

5.1 输电设备

5.1.1 输电设备概述

现代大型发电厂大部分建在能源基地附近，如水力发电厂大多建在水利资源点，即集中在江河流域水位落差大的地方。火力发电厂大多集中在煤炭、石油等能源产地，而大电力负荷中心则多集中在工业区和大城市。因发电厂至电力负荷中心往往距离很远，从而发生了电能输送与分配的问题，承担这一任务的就是电力线路。

由发电厂向电力负荷中心输送电能的线路以及电力系统之间的联络线路称为输电线路。为了减少电能在输送过程中的损耗，根据输送距离和输送容量大小，输电线路采用各种不同的电压等级，可分为高压输电线路（220kV、330kV）、超高压输电线路（500kV、750kV、±660kV）和特高压输电线路（1000kV、±800kV、±1100kV）。按照结构区分，输电线路可分为架空输电线路和电缆输电线路，因无人机巡检主要针对架空输电线路部分，故本章只介绍架空输电线路的基本知识。

5.1.2 输电设备类型

架空输电线路主要由杆塔、导线与架空地线（避雷线）、绝缘子、金具、基础等主要元件组成，如图 5-1 所示。

5.1.2.1 杆塔

杆塔作用是支撑导线和避雷线，使其对大地、树木、建筑物以及被跨越的电力线路、通信线路等保持足够的安全距离要求，并在各种气象条件下，保证电力线路能够安全可靠运行。杆塔按其在架空线路中的用途可分为直线杆塔（悬垂杆塔）、耐张杆塔、跨越杆塔、耐张终端杆塔、换位杆塔、转角杆塔等。

（1）直线杆塔（悬垂杆塔）：用在线路的直线段上，以承受导线、避雷线、绝缘子串、金具等的重量以及它们之上的风力荷载，一般情况下不会承受不平衡张力和角度力。它的导线一般用线夹和绝缘子串挂在横担下。

（2）耐张杆塔：主要承受导线或架空地线的水平张力，同时将线路分隔成若干耐张段，以便于线路的施工和检修，并可在事故情况下限制倒杆断线的范围，导线用耐张线夹和耐张绝缘子串固定在杆塔上，承受的荷载较大。

（3）跨越杆塔：位于线路与河流、山谷、铁路等交叉跨越的地方。跨越杆塔也分悬垂型和耐张型两种。当跨越档距很大时，就得采用特殊设计的耐张型跨越杆塔，其高度也较一般杆塔高得多。

（4）耐张终端杆塔：位于线路的首、末端，即变电所进线、出线的第一基杆塔。耐张终端杆塔是一种承受单侧张力的耐张杆塔。

（5）换位杆塔：用来进行导线换位，即允许导线在沿线路方向变换相对位置的杆塔。

（6）转角杆塔：位于线路转角处，杆塔两侧导线的张力不在同一条直线上，因而须承受角度合力。

此外，输电线路杆塔按杆塔外形分为猫头形、"干"字形、酒杯形等；按杆塔材料可分为钢筋混凝土杆、角钢塔、钢管塔等。

图 5-1　架空输电线路的构成

5.1.2.2　导线与架空地线（避雷线）

导线用于传导电流、输送电能，是线路的重要组成部分。由于架设在杆塔上，要承受自重以及风、冰、雨、空气温度变化等的作用，要求具有良好的电气性能和足够的机械强度。常用的导线材料有铜、铝、铝镁合金和钢。导线种类有很多种，目前应用最多的是钢芯铝绞线，其内部为钢绞线，可承受较强机械力，外部由多股铝线绞制而成，传输大部分电流。为了减小电晕以降低损耗和对无线电等的干扰，同时为了减小电抗以提高线路的输送能力，输电线路多采用分裂导线，导线类型如图 5-2 所示。

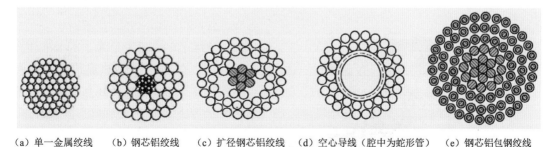

（a）单一金属绞线　　（b）钢芯铝绞线　　（c）扩径钢芯铝绞线　　（d）空心导线（腔中为蛇形管）　　（e）钢芯铝包钢绞线

图 5-2　输电线路导线类型

架空地线又称避雷线，由于避雷线对导线的屏蔽作用以及导线、避雷线间的耦合作用，可以减少雷电直接击于导线的概率。当雷击杆塔时，雷电流可以通过避雷线分流一部分，从而降低塔顶电位，提高耐雷水平。架空地线常采用镀锌钢绞线。近年来，OPGW 地线（光纤复合架空地线）获得了广泛应用，既能起到避雷线的防雷保护和屏蔽作用，又能起到抗电磁干扰的通信作用。

5.1.2.3　绝缘子

绝缘子是用于支持和悬挂导线，并使导线和杆塔等接地部分形成电气绝缘的组件。架空电力线路的导线是利用绝缘子和金具连接固定在杆塔上的。用于导线与杆塔绝缘的绝缘子，在运行中不但要承受工作电压的作用，还要受到过电压的作用，同时还要承受机械力的作用及气温变化和周围环境的影响，因此绝缘子必须有良好的绝缘性能和一定的机械强度。

通常，绝缘子的表面被做成波纹形的：一是可以增加绝缘子的泄漏距离（又称爬电距离），同时每个波纹又能起到阻断电弧的作用；二是当下雨时，起到阻断污水水流的作用，从绝缘子上流下的污水不会直接从绝缘子上部流到下部，避免形成污水柱造成短路事故；三是当空气中的污秽物质落到绝缘子上时，由于绝缘子波纹的凹凸不平，污秽物质将不能均匀地附在绝缘子上，在一定程度上提高了绝缘子的抗污能力。绝缘子按介质材料分为瓷绝缘子、玻璃绝缘子和复合绝缘子三种，绝缘子类型如图 5-3 所示。绝缘子结构如图 5-4 所示。

（a）瓷绝缘子　　　　　　（b）玻璃绝缘子　　　　　　（c）复合绝缘子

图 5-3　绝缘子类型

（1）瓷绝缘子。瓷绝缘子使用历史悠久，介质的机械性能、电气性能良好，产品种类齐全，使用范围广。在污秽潮湿条件下，瓷质绝缘子在工频电压作用时绝缘性能急剧下降，常产生局部电弧，严重时会发生闪络；绝缘子串或单个绝缘子的分布电压不均匀，在电场集中的部位常发生电晕，并容易导致瓷体老化，绝缘子结构如图 5-4 所示。

（2）玻璃绝缘子。玻璃绝缘子成串电压分布均匀，具有较大的主电容，耐电弧性能好，老化过程缓慢。自洁能力和耐污性能好，积污容易清扫；由于钢化玻璃的机械强度是陶瓷的 2～3 倍，

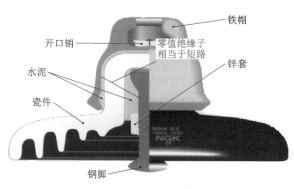

图 5-4　绝缘子结构

铁帽
开口销
零值绝缘子相当于短路
锌套
水泥
瓷件
钢脚

因此玻璃绝缘子机械强度较高。另外，由于玻璃的透明性，外形检查时容易发现细小裂纹和内部损伤等缺陷。玻璃钢绝缘子零值或低值时会发生自爆，无需进行人工检测，但自爆后的残锤必须尽快更换，避免因残锤内部玻璃受潮而烧熔，发生断串掉线事故。

（3）复合绝缘子。复合绝缘子质量轻、体积小，方便安装、更换和运输。复合绝缘子由伞套、芯棒组成，并带有金属附件，其中伞套由硅橡胶为基体的高分子聚合物制成，具有良好的憎水性，抗污能力强，用来提供必要的爬电距离，并保护芯棒不受气候影响；芯棒通常由玻璃纤维浸渍树脂后制成，具有很高的抗拉强度和良好的减振性、抗蠕变性以及抗疲劳断裂性；根据需要复合绝缘子的一端或者两端可以制装均压环。复合绝缘子属于棒性结构，内外极间距离几乎相等，一般不发生内部绝缘击穿，也不需要零值检测。但复合绝缘子抗弯、抗扭性能差，承受较大横向应力时，容易发生脆断；伞盘强度低，不允许踩踏、碰撞。

此外，绝缘子按结构分为盘形和棒形等；按造型分为普通型、防污型等。

5.1.2.4 金具

在架空输电线路中，电力金具是连接和组合电力系统中各种装置，起到传递机械负荷、电气负荷及某种防护作用的金属附件，110kV耐张双串金具如图5-5所示。

图5-5 110kV耐张双串金具

常用的架空输电线路金具主要有：

（1）悬垂线夹：将导线悬挂至悬垂串组或杆塔的金具。主要有U形螺丝式悬垂线夹、带U形挂板悬垂线夹、带碗头挂板悬垂线夹、防晕型悬垂线夹、钢板冲压悬垂线夹、铝合金悬垂线夹、跳线悬垂线夹、预绞式悬垂线夹等，悬垂线夹如图5-6所示。

（2）耐张线夹：用于固定导线，以承受导线张力，并将导线挂至耐张串组或杆塔上的金具。主要有铸铁螺栓型耐张线夹、冲压式螺栓型耐张线夹、铝合金螺栓型耐张线夹、楔型耐张线夹、楔型UT型耐张线夹、压缩型耐张线夹、预绞式耐张线夹等，耐张线夹如图5-7所示。

（3）连接金具：用于将绝缘子、悬垂线夹、耐张线夹及保护金具等连接组合成悬垂或

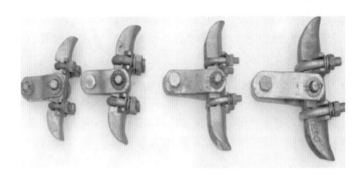

图 5 - 6　悬垂线夹

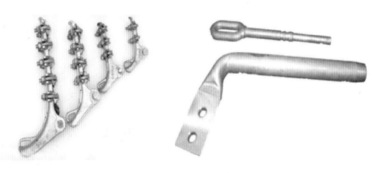

图 5 - 7　耐张线夹

耐张串组的金具。主要有球头挂环、球头连棍、碗头挂板、U 形挂环、直角挂环、延长环、U 形螺丝、延长拉环、平行挂板、直角挂板、U 形挂板、十字挂板、牵引板、调整板、牵引调整板、悬垂挂轴、挂点金具、耐张联板支撑架、联板等。

（4）接续金具：用于两根导线之间的接续，并能满足导线所具有的机械及电气性能要求的金具。主要有螺栓型接续金具、钳压型接续金具、爆压型接续金具、液压型接续金具、预绞式接续金具等。

（5）保护金具：用于对各类电气装置或金具本身，起到电气性能或机械性能保护作用的金具。主要有预绞式护线条、铝包带、防振锤、间隔棒、悬重锤、均压环、屏蔽环、均压屏蔽环等。

5.1.2.5　基础

杆塔基础是指架空电力线路杆塔地面以下部分的设施。其作用是保证杆塔稳定，防止杆塔因承受导线、冰、风、断线张力等的垂直荷重、水平荷重和其他外力作用而产生的上拔、下压或倾覆。杆塔基础一般分为混凝土电杆基础和铁塔基础。

（1）混凝土电杆基础：一般采用底盘、卡盘、拉盘（俗称三盘）基础，通常是事先预制好的钢筋混凝土盘，使用时运到施工现场组装，较为方便。

（2）铁塔基础：一般根据铁塔类型、塔位地形、地质及施工条件等实际情况确定。一般采用的基础类型主要有现浇混凝土铁塔基础、装配式铁塔基础、联合基础、掏挖式基础、岩石基础、桩基础等。

此外输电线路还有一些附属设施，主要包含防雷装置、防鸟装置、各种监测装置、标识（杆号、警告、防护、指示、相位等）、航空警示器材、防舞及防冰装置等。

5.1.3　无人机巡检架空输电线路运行要求

《架空输电线路运行规程》（DL 741—2010）中明确指出，线路的运行工作应贯彻安全第一、预防为主、综合治理的方针，严格执行电力安全工作规程的有关规定。运行维护单位全面做好线路的巡视、检测、维修和管理工作，积极采用先进技术并实行科学管理，不断总结经验、积累资料、掌握规律，保证线路安全运行。

5.1.3.1　无人机巡检基础与杆塔的运行要求

（1）基础表面水泥不应脱落，钢筋不应外露，装配式、插入式基础不应出现锈蚀，基础周围保护土层不应流失、塌陷；基础挡土墙或护坡不应出现裂缝、沉陷或变形；基础排水沟不应堵塞、填埋或淤积；高低腿基础接地体保护措施不应失效；特高压直流架空接地极线路绝缘基础的防腐绝缘处理应满足设计要求；基础边坡保护距离应满足标准要求。

（2）塔腿主材与保护帽接触处不应有渗水现象，保护帽或基础顶面应留散水坡度；塔腿周围不得堆放腐蚀性、易燃性等物品；污染严重地区塔腿主材应采取防腐措施。

（3）交流线路杆塔倾斜度、杆（塔）顶挠度、横担歪斜最大允许值见表 5-1。

表 5-1　　　　交流线路杆塔倾斜度、杆（塔）顶挠度、横担歪斜最大允许值

类　　别	钢筋混凝土电杆	钢管杆	角 钢 塔	钢管塔
直线杆塔倾斜度（包括挠度）	1.5%	0.5%（倾斜度）	0.5%（高度 50m 及以上）1.0%（高度 50m 以下）	0.5%
直线转角杆最大挠度	0.7%			
转角和终端杆 66kV 及以下最大挠度	1.5%			
转角和终端杆 110~220kV 最大挠度	2%			
杆塔横担歪斜度	1.0%		1.0%	0.5%

（4）直流线路杆塔倾斜度、横担歪斜最大允许值见表 5-2。

表 5-2　　　　　　直流线路杆塔倾斜度、横担歪斜最大允许值

电压等级	杆塔高度	杆塔倾斜度（包括挠度）	横担歪斜度
±660kV 及以上	100m 及以上	0.15%	1%
	50m 及以上、100m 以下	0.25%	
	50m 以下	0.3%	
±500kV 及以下	50m 及以上	0.5%	
	50m 以下	1%	

（5）耐张塔受力后不应向内角倾斜。

（6）终端塔受力后不应向受力方向倾斜或者塔头不应超过铅垂线偏向受力侧。

（7）铁塔主材相邻结点间弯曲度不得超过 0.2%，特高压钢管塔不应超过 0.1%。

（8）钢筋混凝土杆保护层不应腐蚀脱落、钢筋外露，普通钢筋混凝土杆不应有纵向裂纹、横向裂纹，缝隙宽度不应超过 0.2mm，预应力钢筋混凝土杆不应有裂纹。

（9）拉线镀锌钢绞线不应断股，镀锌层不应锈蚀、脱落。

（10）拉线张力应均匀，不应严重松弛。

5.1.3.2　无人机巡检导线与地线的运行要求

（1）导线、地线表面不应出现腐蚀、外层脱落或疲劳状态。

（2）导线、地线不应出现损伤、断股、破股、严重锈蚀等现象。

（3）导线、地线弧垂偏差允许值见表 5-3。

表 5-3　　　　　　　　　　　导线、地线弧垂偏差允许值

档距类型	电 压 等 级	
	110（66）kV	交流 220kV 及以上、直流±400kV 及以上
一般档	6.0%、−2.5%	3.0%、−2.5%
大跨越档	±1%，正偏差不应超过 1m	

导线相间相对弧垂偏差最大值见表 5-4。

表 5-4　　　　　　　　　导线相间相对弧垂偏差最大值　　　　　　　单位：mm

档距类型	电 压 等 级	
	110（66）kV	交流 220kV 及以上、直流±400kV 及以上
一般档	200	300
大跨越档	500	

（4）相分裂导线同相子导线相对弧垂值不应超过：垂直排列双分裂导线 100mm；其他排列形式分裂导线 220kV 为 80mm；交流 330kV 及以上、直流±400kV 及以上线路 50mm。

（5）OPGW 接地引线不应松动或对地放电，直通耐张跳线不应直接与地线支架或塔身触碰。

（6）线路导线对地线距离及交叉跨越距离应符合相关要求。

（7）各电压等级线路的最小空气间隙应符合相关要求。

（8）跳线不应出现断股、损伤、表面腐蚀、外层脱落等原因导致的截面减少和绞股、松股、扭伤等现象。

5.1.3.3　无人机巡检绝缘子的运行要求

（1）瓷质绝缘子伞裙不应破损，瓷质不应有裂纹，瓷釉不应烧坏。

（2）玻璃绝缘子不应自爆或表面有裂纹。

（3）棒形及盘形复合绝缘子伞裙、护套不应出现破损或龟裂、脱落、蚀损等现象，端头密封不应开裂、老化。

（4）钢帽、绝缘件、钢脚应在同一轴线上，钢脚、钢帽、浇装水泥不应有裂纹、歪斜、变形或严重锈蚀，钢脚与钢帽槽口间隙不应超标。

（5）锁紧销不应脱落变形。

（6）瓷质绝缘横担不应有严重结垢、裂纹，不应出现瓷轴烧坏、瓷质损坏、伞裙破损。

（7）复合横担护套不应出现破损或龟裂、脱落等现象。

（8）直线杆塔绝缘子串顺线路方向偏斜角（除设计要求的预偏外）不应大于7.5°，或偏移值不应大于300mm，绝缘横担端部偏移不应大于100mm。特高压直线塔绝缘子串顺线路方向最大偏移值（除设计要求的预偏外）不应大于400mm。

（9）地线绝缘子、放电间隙不应出现非雷击放电或烧伤。

（10）防污闪涂料涂层厚度应满足《绝缘子用常温固化硅橡胶防污闪涂料》（DL/T 627—2004）规定，涂层应均匀附着在绝缘子表面，涂层不应出现龟裂、起皮、脱落或憎水性丧失等现象。

5.1.3.4 无人机巡检金具的运行要求

（1）金具本体不应出现变形、锈蚀、烧伤、裂纹，连接处转动应灵活，强度不应低于原值的80%。

（2）防振锤、防震阻尼线、间隔棒等金具不应发生松动、位移、变形、失效、疲劳、脱落。

（3）屏蔽环、均压环不应出现松动、变形，均压环不得装反。

（4）绝缘地线放电间隙应符合设计要求。

（5）OPGW余缆固定金具应固定牢靠，接续盒不应松动、漏水。

（6）OPGW预绞线夹不应出现疲劳断脱或滑移。

（7）接续金具不应出现下列任一情况：

1）外观鼓包、裂纹、烧伤、滑移或出口处断股，弯曲度不符合有关规程要求。

2）温度高于相邻导线10℃，跳线联板温度高于相邻导线10℃。

3）过热变色或连接螺栓松动。

4）金具内严重烧伤、断裂或压接不实（有抽头或位移）或压接施工不规范。

5.1.3.5 无人机巡检线路保护区的运行要求

架空输电线路保护区内应控制新建建筑物、厂矿、植树及其他危及线路安全运行的生产活动。一般地区各级电压导线的边线保护区范围见表5-5。

表5-5 一般地区各级电压导线的边线保护区范围

电压等级 /kV	边线外距离 /m	电压等级 /kV	边线外距离 /m
110（66）	10	±400	20
220～330	15	±500	20
500	20	±660	25
750	25	±800	30
1000	30	±1100	40

5.1.4 输电设备无人机巡检要求

根据国网江苏省电力有限公司《输电线路无人机巡检作业管理规范（试行）》，输电线路无人机巡检包括无人机精细化巡检、无人机常规巡检、无人机特殊巡检等。

　　无人机精细化巡检主要是利用可见光设备对线路设备本体和附属设施开展全方位精细巡检，查找设备缺陷，辅助线路年度检修决策、线路竣工验收等工作。

　　无人机常规巡检主要是利用可见光设备对通道环境、杆塔、基础、绝缘子等开展常规巡检，主要用于辅助巡视人员开展线路状态周期巡视。

　　无人机特殊巡检是利用激光雷达、红外热像仪、可见光等设备对线路开展通道巡视、红外测温、故障巡视等。

　　输电线路无人机巡检应按以下原则执行：

　　（1）220kV 及以上线路应每年开展一次，110kV 及以下线路至少每两年应开展一次无人机精细化巡视。如在开展多次精细化巡视后，缺陷发现率大幅下降，可适当延长巡视周期。

　　（2）"三跨"区段每季度至少开展一次无人机精细化巡检；涉铁、重要电源送出、重要用户供电等线路及区段，应视重要程度和设备状况，每半年至少开展一次无人机精细化巡检。

　　（3）无人机精细化巡检计划应结合线路停电检修计划制定巡检时间，无人机精细化巡检宜在检修前 90 日内完成。线路检修后，宜使用无人机督察线路检修质量。

　　（4）新建、改（扩）建、大修线路（段）投运前，应全面开展一次无人机精细化巡检验收。

　　（5）220kV 及以上新建、改（扩）建线路应在投运前完成一次激光扫描；当通道环境变化时，根据需求开展激光扫描。35～110kV 架空输电线路应视设备重要程度和通道状况开展无人机激光扫描。

5.2　变电设备

5.2.1　变电设备概述

　　变电站是电力系统中变换电压、接受和分配电能、控制电力的流向和调整电压的电力设施，它通过其变压器将各级电压的电网联系起来。

5.2.2　变电设备类型

　　变电设备类型比较多，主要包含油浸式变压器（电抗器）、断路器、组合电器、隔离开关、开关柜、电流互感器、电压互感器、避雷器、并联电容器组、干式电抗器、母线及绝缘子、穿墙套管、消弧线圈，还有其他设备及辅助装置，如构支架、辅助设施、土建设施、避雷针、二次设备等。

　　（1）变压器是变电站最主要的一次设备，它的作用是电压变换、输送电能，变压器主要由本体、冷却装置、调压装置、套管、油枕及其他附件组成。220kV 变压器一般采用自耦变压器或三绕组变压器。采用强迫油循环导向风冷或油浸自冷辅助风冷的冷却方式。220kV 油浸自冷辅助风冷变压器如图 5-8 所示。

（2）断路器是变电站重要的电气设备。在正常情况下，断路器用来接通和断开负载；故障情况下，断路器通过保护动作来断开故障，同时又能完成自动重合闸功能，以提高供电可靠性。断路器按其灭弧介质分为 SF_6 断路器和真空断路器等；按其操动机构分为液压机构断路器、弹簧机构断路器等；按其结构形式分为常规断路器、GIS 断路器和手车式断路器等。110kV SF_6 断路器如图 5-9 所示。

图 5-8　220kV 油浸自冷辅助风冷变压器　　　　图 5-9　110kV SF_6 断路器

（3）隔离开关在结构上无灭弧装置，但有明显断开点，因此在断路器断开电路后隔离开关用来隔离有电与无电部分，起到隔离电源的作用。110kV 隔离开关如图 5-10 所示。

图 5-10　110kV 隔离开关

（4）互感器。互感器分为电压互感器和电流互感器两大类，其主要作用有：将一次系统的电压、电流信息准确地传递到二次侧相关设备；将一次系统的高电压、大电流变换为二次侧的低电压（标准值）、小电流（标准值），使测量、计量仪表和继电器等装置标准化、小型化，并降低了对二次设备的绝缘要求；将二次侧设备以及二次系统与一次系统高压设备在电气方面很好地隔离，从而保证了人身和二次设备的安全。

电压互感器按照变换原理可分为电磁式（PT）电压互感器、电容式（CVT）电压互感器。电压互感器按照绝缘介质分为干式电压互感器、浇注式绝缘电压互感器、油浸式电压互感器。

电流互感器按外绝缘材质分为硅橡胶绝缘和瓷绝缘，按内绝缘介质分为 SF$_6$ 式和油浸式、浇注式。按结构可分为正置式和倒立式。110kV 电流互感器如图 5-11 所示。110kV 电压互感器如图 5-12 所示。

图 5-11　110kV 电流互感器

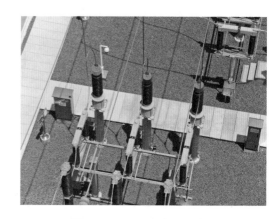

图 5-12　110kV 电压互感器

（5）组合电器。全封闭组合电器（gas insulated metal-enclosed switchgear，GIS）是一种以 SF$_6$ 气体作为绝缘和灭弧介质的封闭式成套高压电器，按照结构可分为分相组合式、母线三相共箱式和其余三相分箱式、三相共箱式。

组合电器是由 SF$_6$ 断路器和其他高压电器元件，按照所需要的电气主接线安装在充有一定压力的 SF$_6$ 气体的金属壳体内所组成的变电站设备。

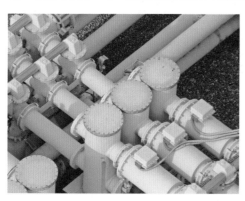

图 5-13　110kV 组合电器

组合电器一般包括断路器、过渡元件、隔离开关、接地开关、电流互感器、电压互感器、母线、进出线套管或电缆连接头等元件。

组合电器按照结构和配置方式可分为筒型（有单相一壳、部分三相一壳、全三相一壳和复合三相一壳四种）和柜型（有箱型和铠装两种）。前一类较为常见的是一般常说的 GIS 和 PASS 系列，后一类较为常见的是充气柜。110kV 组合电器如图 5-13 所示。

（6）电力电容器。电力电容器有组合式和分布式两种，装置包括并联电容器、串联电抗器、真空接触器、放电线圈（放电压变）、高压熔断器、氧化锌避雷器等，用以调节系统电压。110kV 分布式电容器如图 5-14 所示。

（7）防雷及接地装置。变电站防雷设施由避雷针、避雷线、避雷器、接地网组成。为了防止直击雷对变电站电气设备及建筑物的侵害，应装设足够数量的避雷针或避雷线。独立避雷针和避雷器的接地应牢固，应有独立接地装置。变电站独立避雷针如图 5-15 所示。

图 5-14　10kV 分布式电容器

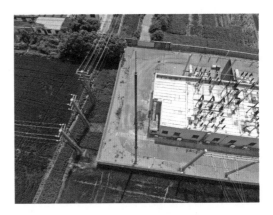

图 5-15　变电站独立避雷针

5.2.3　变电设备运行要求

5.2.3.1　油浸式变压器

（1）现场温度计指示的温度、控制室温度显示装置显示的温度、监控系统的温度基本保持一致，误差一般不超过 5℃。

（2）油浸（自然循环）风冷变压器，风扇停止工作时，允许的负载和运行时间，应按制造厂的规定。油浸风冷变压器当冷却系统部分故障风扇停止后，顶层油温不超过 65℃时，允许带额定负载运行。

（3）运行中应检查吸湿器畅通，吸湿剂潮解变色部分不应超过总量的 2/3。还应确保吸湿器的密封性良好，吸湿剂变色应由底部开始变色，如上部颜色发生变化则说明吸湿器密封性不严。

5.2.3.2　断路器

断路器应有完整的铭牌、规范的运行编号和名称，相色标志明显，其金属支架、底座应可靠接地。

5.2.3.3　隔离开关

（1）隔离开关和接地开关所有部件和箱体上，尤其是传动连接部件和运动部位不得有积水出现。

（2）隔离开关应有完整的铭牌、规范的运行编号和名称，相序标志明显，分合指示、旋转方向指示清晰正确，其金属支架、底座应可靠接地。

（3）定期检查隔离开关绝缘子金属法兰与瓷件的胶装部位防水密封胶的完好性，必要时联系检修人员处理。

5.2.3.4　电流互感器

（1）电流互感器在投运前及运行中应注意检查各部位接地是否牢固可靠，末屏应可靠接地，严防出现内部悬空的假接地现象。

（2）新装或检修后，应确保电流互感器三相的油位指示正常，并保持一致，运行中的电流互感器应保持微正压。

（3）具有吸湿器的电流互感器，运行中其吸湿剂应干燥，油封油位应正常。

（4）SF₆电流互感器压力表偏出正常压力区时，应及时上报并查明原因，压力降低应进行补气处理。

（5）SF₆电流互感器密度继电器应便于运维人员观察，防雨罩应安装牢固，能将表计、控制电缆接线端子遮盖。

（6）对硅橡胶套管或加装硅橡胶伞裙的瓷套，应经常检查硅橡胶表面有无放电痕迹现象，如有放电现象应及时处理。

5.2.3.5　电压互感器

（1）新装或检修后，应确保电压互感器三相的油位指示正常，并保持一致，运行中的互感器应保持微正压。

（2）具有吸湿器的电压互感器，运行中其吸湿剂应干燥，油封油位应正常，呼吸应正常。

（3）SF₆电压互感器压力表偏出正常压力区时，应及时上报并查明原因，压力降低应进行补气处理。

（4）SF₆电压互感器密度继电器应便于运维人员观察，防雨罩应安装牢固，能将表、控制电缆接线端子遮盖。

5.2.3.6　并联电容器

（1）电容器引线与端子间连接应使用专用线夹，电容器之间的连接线应采用软连接，宜采取绝缘化处理。

（2）电容器围栏应设置断开点，防止形成环流，造成围栏发热。

（3）吸湿器（集合式电容器）的玻璃罩杯应完好无破损，能起到长期呼吸作用，使用变色硅胶，罐装至顶部 1/6～1/5 处，受潮硅胶不超过 2/3，并标识 2/3 位置，硅胶不应自上而下变色，上部不应被油浸润，无碎裂、粉化现象。油封完好，呼或吸状态下，内油面或外油面应高于呼吸管口。

（4）非密封结构的集合式电容器应装有储油柜，油位指示应正常，油位计内部无油垢，油位清晰可见，储油柜外观应良好，无渗油、漏油现象。

（5）注油口和放油阀（集合式电容器）阀门必须根据实际需要处在正确位置。指示开、闭位置的标志清晰、正确，阀门接合处无渗漏油现象。

5.2.3.7　避雷器

（1）瓷外套金属氧化物避雷器下方法兰应设置有效排水孔。

（2）瓷绝缘避雷器禁止加装辅助伞裙，可采取喷涂防污闪涂料的辅助防污闪措施。

（3）当避雷器泄漏电流指示异常时，应及时查明原因，必要时缩短巡视周期。

（4）系统发生过电压、接地等异常运行情况时，应对避雷器进行重点检查。

5.2.3.8　避雷针

1. 一般规定

（1）变电站内独立避雷针统一编号且标识正确清晰。

（2）不准在避雷针上装设其他设备。

2. 本体及基础规定

（1）避雷针应保持垂直，无倾斜。

（2）独立避雷针构架上不应安装其他设备。

（3）避雷针基础完好，无破损、酥松、裂纹、露筋及下沉等现象。

（4）避雷针及接地引下线无锈蚀，必要时开挖检查，并进行防腐处理。

（5）钢管避雷针应在下部有排水孔。

3. 接地规定

（1）避雷针与接地极应可靠连接，避雷针应采用双接地引下线，接地牢固，黄绿相间的接地标识清晰。

（2）独立避雷针及其接地装置与道路或建筑物的出入口等的距离应大于 3m。当小于 3m 时，应采取均压措施或铺设卵石或沥青地面。

（3）独立避雷针应设置独立的集中接地装置。不满足要求时，该接地装置可与接地网连接，但避雷针与主接地网的地下连接点至 35kV 及以下设备与接地网的地下连接点，沿接地体的长度不得小于 15m。

5.2.3.9 构支架

（1）主设备构支架应有两根与主地网不同干线连接的接地引下线。

（2）鸟类活动频繁的变电站，应在设备构支架合适的位置上安装必要的防鸟、驱鸟装置。

（3）构架爬梯安全防护设施应齐全、完备。

（4）构架应装设爬梯门，并应上锁，悬挂"禁止攀登，高压危险！"标示牌。

（5）钢管构架应有排水孔。

5.2.4 变电设备巡视要求

5.2.4.1 油浸式变压器

（1）本体及套管：

1）运行监控信号、灯光指示、运行数据等均应正常。

2）各部位无渗油、漏油。

3）套管油位正常，套管外部无破损裂纹、无严重油污、无放电痕迹，防污闪涂料无起皮、脱落等异常现象。

4）套管末屏无异常声音，接地引线固定良好，套管均压环无开裂歪斜。

5）变压器声响均匀、正常。

6）引线接头、电缆应无发热迹象。

7）外壳及箱沿应无异常发热，引线无散股、断股。

8）变压器外壳、铁芯和夹件接地良好。

9）35kV 及以下接头及引线绝缘护套良好。

（2）分接开关：

1）分接档位指示与监控系统一致。三相分体式变压器分接档位三相应置于相同档位，且与监控系统一致。

2）在线滤油装置无渗漏油。

（3）冷却系统：

1）各冷却器（散热器）的风扇、油泵、水泵运转正常，油流继电器工作正常。

2）冷却系统及连接管道无渗漏油，特别注意检查冷却器潜油泵负压区有无出现渗漏油。

（4）储油柜：

1）本体及有载调压开关储油柜的油位应与制造厂提供的油温、油位曲线相对应。

2）本体及有载调压开关吸湿器呼吸正常，外观完好，吸湿剂符合要求，油封油位正常。

（5）其他：

1）电缆穿管端部封堵严密。

2）各种标志应齐全明显。

3）变压器导线、接头、母线上无异物。

5.2.4.2　高压断路器

（1）本体：

1）外观清洁、无异物、无异常声响。

2）油断路器本体油位正常，无渗漏油现象，油位计清洁。

3）断路器套管电流互感器无异常声响、外壳无变形、密封条无脱落。

4）分、合闸指示正确，与实际位置相符；SF_6 密度继电器（压力表）指示正常、外观无破损或渗漏，防雨罩完好。

5）外绝缘无裂纹、破损及放电现象，增爬伞裙粘接牢固、无变形，防污涂料完好、无脱落、起皮现象。

6）引线弧垂满足要求，无散股、断股，两端线夹无松动、裂纹、变色现象。

7）均压环安装牢固，无锈蚀、变形、破损。

8）套管防雨帽无异物堵塞，无鸟巢、蜂窝等。

9）金属法兰无裂痕，防水胶完好，连接螺栓无锈蚀、松动、脱落。

10）传动部分无明显变形、锈蚀，轴销齐全。

（2）操动机构：

1）液压、气动操动机构压力表指示正常。

2）弹簧储能机构储能正常。

（3）其他：

1）名称、编号、铭牌齐全、清晰，相序标志明显。

2）机构箱、汇控柜箱门平整，无变形、锈蚀，机构箱锁具完好。

3）基础构架无破损、开裂、下沉，支架无锈蚀、松动或变形，无鸟巢、蜂窝等异物。

4）接地引下线标志无脱落，接地引下线可见部分连接完整可靠，接地螺栓紧固，无放电痕迹，无锈蚀、变形现象。

5.2.4.3　组合电器

（1）设备出厂铭牌齐全、清晰。

（2）运行编号标识、相序标识清晰。

（3）外壳无锈蚀、损坏，漆膜无局部颜色加深或烧焦、起皮现象。

（4）伸缩节外观完好，无破损、变形、锈蚀。

（5）外壳间导流排外观完好，金属表面无锈蚀，连接无松动。

（6）盆式绝缘子分类标示清楚，可有效分辨通盆和隔盆，外观无损伤、裂纹。

（7）套管表面清洁，无开裂、放电痕迹及其他异常现象；金属法兰与瓷件胶装部位黏合应牢固，防水胶应完好。

（8）增爬措施（伞裙、防污涂料）完好，伞裙应无塌陷变形，表面无击穿，黏接界面牢固；防污闪涂料涂层无剥离、破损。

（9）均压环外观完好，无锈蚀、变形、破损、倾斜脱落等现象。

（10）引线无散股、断股；引线连接部位接触良好，无裂纹、发热变色、变形。

（11）设备基础应无下沉、倾斜，无破损、开裂。

（12）接地连接无锈蚀、松动、开断，无油漆剥落，接地螺栓压接良好。

（13）支架无锈蚀、松动或变形。

（14）运行中组合电器无异常放电、振动声，内部及管路无异常声响。

（15）SF_6 气体压力表或密度继电器外观完好，编号标识清晰完整，二次电缆无脱落，无破损或渗漏油，防雨罩完好。

（16）压力释放装置（防爆膜）外观完好，无锈蚀变形，防护罩无异常，其释放出口无积水（冰）、无障碍物。

（17）开关设备机构油位计和压力表指示正常，无明显漏气漏油。断路器、隔离开关、接地开关等位置指示正确，清晰可见，机械指示与电气指示一致，符合现场运行方式。

（18）断路器、油泵动作计数器指示值正常。

（19）机构箱、汇控柜等的防护门密封良好，平整，无变形、锈蚀。

（20）带电显示装置指示正常，清晰可见。

（21）各类配管及阀门应无损伤、变形、锈蚀，阀门开闭正确，管路法兰与支架完好。

（22）避雷器的动作计数器指示值正常，泄漏电流指示值正常。

（23）各部件的运行监控信号、灯光指示、运行信息显示等均应正常。

（24）本体及支架无异物，运行环境良好。

5.2.4.4 隔离开关

1. 导电部分

（1）合闸状态的隔离开关触头接触良好，合闸角度符合要求；分闸状态的隔离开关触头间的距离或打开角度符合要求，操动机构的分、合闸指示与本体实际分、合闸位置相符。

（2）触头、触指（包括滑动触指）、压紧弹簧无损伤、变色、锈蚀、变形，导电臂（管）无损伤、变形现象。

（3）引线弧垂满足要求，无散股、断股，两端线夹无松动、裂纹、变色等现象。

（4）导电底座无变形、裂纹，连接螺栓无锈蚀、脱落现象。

（5）均压环安装牢固，表面光滑，无锈蚀、损伤、变形现象。

2. 绝缘子

（1）绝缘子外观清洁，无倾斜、破损、裂纹、放电痕迹或放电异声。

（2）金属法兰与瓷件的胶装部位完好，防水胶无开裂、起皮、脱落现象。

（3）金属法兰无裂痕，连接螺栓无锈蚀、松动、脱落现象。

3. 传动部分

（1）传动连杆、拐臂、万向节无锈蚀、松动、变形现象。

（2）轴销无锈蚀、脱落现象，开口销齐全，螺栓无松动、移位现象。

（3）接地开关平衡弹簧无锈蚀、断裂现象，平衡锤牢固可靠；接地开关可动部件与其底座之间的软连接完好、牢固。

4. 基座、机械闭锁及限位部分

（1）基座无裂纹、破损，连接螺栓无锈蚀、松动、脱落现象，其金属支架焊接牢固，无变形现象。

（2）机械闭锁位置正确，机械闭锁盘、闭锁板、闭锁销无锈蚀、变形、开裂现象，闭锁间隙符合要求。

（3）限位装置完好可靠。

5. 操动机构

（1）隔离开关操动机构机械指示与隔离开关实际位置一致。

（2）各部件无锈蚀、松动、脱落现象，连接轴销齐全。

6. 其他

（1）名称、编号、铭牌齐全清晰，相序标识明显。

（2）超 B 类接地开关辅助灭弧装置分合闸指示正确、外绝缘完好无裂纹、SF_6 气体压力正常。

（3）机构箱无锈蚀、变形现象，机构箱锁具完好，接地连接线完好。

（4）基础无破损、开裂、倾斜、下沉，架构无锈蚀、松动、变形现象，无鸟巢、蜂窝等异物。

（5）接地引下线标志无脱落，接地引下线可见部分连接完整可靠，接地螺栓紧固，无放电痕迹，无锈蚀、变形现象。

（6）"五防"锁具无锈蚀、变形现象，锁具芯片无脱落损坏现象。

（7）检查原存在的设备缺陷是否有发展。

5.2.4.5　电流互感器

（1）各连接引线及接头无发热、变色迹象，引线无断股、散股。

（2）外绝缘表面完整，无裂纹、放电痕迹、老化迹象，防污闪涂料完整无脱落。

（3）金属部位无锈蚀，底座、支架、基础无倾斜变形。

（4）无异常振动、异常声响及异味。

（5）底座接地可靠，无锈蚀、脱焊现象，整体无倾斜。

（6）二次接线盒关闭紧密，电缆进出口密封良好。

（7）接地标识、出厂铭牌、设备标识牌、相序标识齐全、清晰。

（8）油浸电流互感器油位指示正常，各部位无渗漏油现象；吸湿器硅胶变色在规定范围内；金属膨胀器无变形，膨胀位置指示正常。

（9）SF$_6$电流互感器压力表指示在规定范围，无漏气现象，密度继电器正常，防爆膜无破裂。

（10）干式电流互感器外绝缘表面无粉蚀、开裂，无放电现象，外露铁芯无锈蚀。

（11）检查原存在的设备缺陷是否有发展趋势。

5.2.4.6　电压互感器

（1）外绝缘表面完整，无裂纹、放电痕迹、老化迹象，防污闪涂料完整无脱落。

（2）各连接引线及接头无松动、发热、变色迹象，引线无断股、散股。

（3）金属部位无锈蚀；底座、支架、基础牢固，无倾斜变形。

（4）无异常振动、异常音响及异味。

（5）接地引下线无锈蚀、松动情况。

（6）二次接线盒关闭紧密，电缆进出口密封良好；端子箱门关闭良好。

（7）均压环完整、牢固，无异常可见电晕。

（8）油浸电压互感器油色、油位指示正常，各部位无渗漏油现象；吸湿器硅胶变色小于 2/3；金属膨胀器膨胀位置指示正常。

（9）SF$_6$电压互感器压力表指示在规定范围内，无漏气现象，密度继电器正常，防爆膜无破裂。

（10）电容式电压互感器的电容分压器及电磁单元无渗漏油。

（11）干式电压互感器外绝缘表面无粉蚀、开裂、凝露、放电现象，外露铁芯无锈蚀。

（12）330kV 及以上电容式电压互感器电容分压器各节之间防晕罩连接可靠。

（13）接地标识、设备铭牌、设备标示牌、相序标注齐全、清晰。

（14）检查原存在的设备缺陷是否有发展趋势。

5.2.4.7　并联电容器

（1）设备铭牌、运行编号标识、相序标识齐全、清晰。

（2）母线及引线无过紧过松、散股、断股、无异物缠绕，各连接头无发热现象。

（3）无异常振动或响声。

（4）电容器壳体无变色、膨胀变形；集合式电容器无渗漏油，油温、储油柜油位正常，吸湿器受潮硅胶不超过 2/3，阀门接合处无渗漏油现象；框架式电容器外熔断器完好。对于带有外熔断器的电容器，应检查外熔断器的运行工况。

（5）限流电抗器附近无磁性杂物存在，干电抗器表面涂层无变色、龟裂、脱落或爬电痕迹，无放电及焦味，电抗器撑条无脱出现象，油电抗器无渗漏油。

（6）放电线圈二次接线紧固无发热、松动现象；干式放电线圈绝缘树脂无破损、放电；油浸放电线圈油位正常，无渗漏。

（7）避雷器垂直、牢固，外绝缘无破损、裂纹及放电痕迹，运行中避雷器泄漏电流正常，无异响。

（8）设备的接地良好，接地引下线无锈蚀、断裂且标识完好。

（9）电缆穿管端部封堵严密。

（10）套管及支柱绝缘子完好，无破损裂纹及放电痕迹。

（11）围栏安装牢固，门关闭，无杂物，"五防"锁具完好。

（12）本体及支架上无杂物，支架无锈蚀、松动或变形。

5.2.4.8　避雷器

（1）引流线无松股、断股和弛度过紧及过松现象；接头无松动、发热或变色等现象。

（2）均压环无位移、变形、锈蚀现象，无放电痕迹。

（3）瓷套部分无裂纹、破损、放电现象，防污闪涂层无破裂、起皱、鼓泡、脱落；硅橡胶复合绝缘外套伞裙无破损、变形，无电蚀痕迹。

（4）密封结构金属件和法兰盘无裂纹、锈蚀。

（5）压力释放装置封闭完好且无异物。

（6）设备基础完好、无塌陷；底座固定牢固、整体无倾斜；绝缘底座表面无破损、积污。

（7）接地引下线连接可靠，无锈蚀、断裂。

（8）引下线支持小套管清洁、无碎裂，螺栓紧固。

（9）运行时无异常声响。

（10）监测装置外观完整、清洁、密封良好、连接紧固，表计指示正常，数值无超标；放电计数器完好，内部无受潮、进水。

（11）接地标识、设备铭牌、设备标识牌、相序标识齐全、清晰。

5.2.4.9　避雷针

（1）运行编号标识清晰。

（2）避雷针本体塔材无缺失、脱落，无摆动、倾斜、裂纹、锈蚀。

5.2.4.10　母线及绝缘子

1. 母线

（1）名称、电压等级、编号、相序等标识齐全、完好，清晰可辨。

（2）无异物悬挂。

（3）外观完好，表面清洁，连接牢固。

（4）无异常振动和声响。

（5）线夹、接头无过热、无异常。

（6）带电显示装置运行正常。

（7）软母线无断股、散股及腐蚀现象，表面光滑整洁。

（8）硬母线应平直，焊接面无开裂、脱焊，伸缩节应正常。

（9）绝缘母线表面绝缘包敷严密，无开裂、起层和变色现象。

（10）绝缘屏蔽母线屏蔽接地应接触良好。

2. 引流线

（1）引流线无断股或松股现象，连接螺栓无松动脱落，无腐蚀现象，无异物悬挂。

（2）线夹、接头无过热、无异常。

（3）无绷紧或松弛现象。

3. 金具

（1）无锈蚀、变形、损伤。

（2）伸缩节无变形、散股及支撑螺杆脱出现象。

（3）线夹无松动，均压环平整牢固，无过热发红现象。

4. 绝缘子

（1）绝缘子防污闪涂料无大面积脱落、起皮现象。

（2）绝缘子各连接部位无松动现象、连接销子无脱落等，金具和螺栓无锈蚀。

（3）绝缘子表面无裂纹、破损和电蚀，无异物附着。

（4）支柱绝缘子伞裙、基座及法兰无裂纹。

（5）支柱瓷瓶及硅橡胶增爬伞裙表面清洁、无裂纹及放电痕迹。

（6）支柱绝缘子无倾斜。

5.2.4.11　构支架

（1）无变形、倾斜，无严重裂纹。

（2）基础无沉降、开裂，保护帽完好。

（3）无异物搭挂。

（4）接地引下线无断裂、锈蚀，连接紧固，色标清晰可辨。

（5）构架爬梯门应关闭上锁。

（6）钢构支架防腐涂层完好、无锈蚀，排水孔畅通，无堵塞、积水。

（7）钢筋混凝土构支架两杆连接抱箍横梁处无锈蚀、腐烂，连接牢固。

（8）钢筋混凝土构支架外皮无脱落，无风化露筋、无贯穿性裂纹。

（9）构支架基础沉降指示在标高基准点范围内。

5.3　配电设备

5.3.1　配电设备概述

5.3.1.1　杆塔

　　杆塔的主要作用是支撑导线、横担、绝缘子等部件，在各种气象条件下，使导线和导线间、导线和接地体间及导线和大地、建筑物、各种交叉跨越物之间保持足够的安全距离，保证线路安全运行。

　　按材料分类，可分为钢筋混凝土杆（水泥杆）、铁塔（钢管杆）和木杆三种。

1. 钢筋混凝土杆（水泥杆）

　　钢筋混凝土杆具有一定的耐腐蚀性，使用寿命较长，维护量少。与铁塔相比造价低，但运输比较困难，在运输、装卸及安装过程中如有不慎，容易产生裂缝。钢筋混凝土杆如图 5-16 所示。

2. 铁塔（钢管杆）

　　铁塔是用型钢或钢管组装成的立体桁架，可根据工程需要做成各种高度和不同形式的铁塔。铁塔分为型钢塔（如角钢塔）和钢管杆。钢管杆铁塔如图 5-17 所示。

图 5-16　钢筋混凝土杆

图 5-17　钢管杆铁塔

3. 木杆

木杆由于容易腐朽且耗用木材，已很少使用。

5.3.1.2　导线

导线是用于传导电流、输送电能的元件，通过绝缘子固定在杆塔上。导线要有良好的导电性能、足够的机械强度和较好的耐震、抗腐蚀性能。

按外绝缘层分类，分为绝缘导线和裸导线。

（1）绝缘导线。适用于城市人口密集地区，线路走廊狭窄、架设裸导线路与建筑物的间距不能满足安全要求的地区以及风景绿化区、林带区和污秽严重的地区等。

（2）裸导线。一般用于中压线路，低压线路已较少采用裸导线。

绝缘导线的造价高于裸导线，中压架空绝缘线路受雷击后易发生断线事故，故中压架空绝缘线路宜增设防雷击断线设备（如线路避雷器等）。

5.3.1.3　金具

金具在架空电力线路中，用于支持、固定和接续导线及绝缘子连接成串，亦用于保护导线和绝缘子。各类金具如图 5-18 所示。

5.3.1.4　拉线

拉线的作用是为平衡导线、避雷线的张力，保证杆塔的稳定性，一般用于终端杆、转角杆、跨越杆。为避免线路受强大风力荷载的破坏或在土质松软地区为了增加直线电杆的稳定性，预防电杆受侧向力，直线电杆应视情况加装拉线。

拉线材料一般用镀锌钢绞线。拉线上端是通过拉线抱箍和拉线相连接，下部是通过可调节的拉线金具与埋入地下的拉线棒、拉线盘相连接。

5.3.2　配电线路类型

配电线路设备众多，各种设备样式各异，下面介绍四种典型的设备类型。

5.3.2.1　10kV 配电变压器

变压器是采用电磁感应，以相同的频率在两个绕组间，变换交流电压和电流而传输交流电能的一种静止电器。

（a）U形挂环

（b）楔型耐张线夹

（c）直角挂板

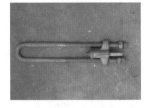
（d）楔型可调耐张线夹

（e）并沟线夹

（f）碗头挂板

图 5-18　各类金具

按照配电变压器铁芯和绕组的绝缘方式可分为油浸式配电变压器和干式配电变压器。

（1）油浸式配电变压器：铁芯和绕组都浸入绝缘液体中的变压器。

（2）干式配电变压器：铁芯和绕组都不浸入绝缘液体中的变压器。

为满足防火要求，在民用或公共建筑物内的变压器应选用干式配电变压器；独立建设的配电站内的变压器宜选用油浸式配电变压器，户外台架上的变压器应选用油浸式配电变压器。配电变压器实物图如图5-19所示。

图 5-19　配电变压器实物图

5.3.2.2　10kV 户外柱上开关

10kV 户外柱上开关主要包括 10kV 柱上断路器和柱上负荷开关，实物图如图 5-20 所示。

图 5-20　10kV 户外柱上断路器、负荷开关实物图

在电杆（铁塔）上安装和操作的断路器、负荷开关，柱上开关常用作 10kV 架空线路的主干线、支线的分段开关，用以缩小停电检修的范围。

5.3.2.3　10kV 柱上隔离开关

在电杆（铁塔）上安装和操作的隔离开关，柱上隔离开关一般配合柱上断路器、柱上负荷开关以及跌落式熔断器使用，拉开后可以形成明显的断开点，实物图如图 5-21 所示。

图 5-21　10kV 柱上隔离开关实物图

5.3.2.4　10kV 跌落式熔断器

熔体熔断后，载熔件可自动跌落以提供隔离断口的熔断器。跌落式熔断器常用作配电变压器的短路和过负荷保护。10kV 跌落式熔断器实物图如图 5-22 所示。

5.3.3　配电线路运行要求

5.3.3.1　无人机巡检杆塔和基础要求

（1）杆塔无倾斜，混凝土杆倾斜不应大于 15/1000，铁塔倾斜度不应大于 0.5%（适用于 50m 及以上高度铁塔）或 1.0%（适用于 50m 以下高度铁塔），转角杆不应向内角倾斜，终端杆不应向导线侧倾斜，向拉线侧倾斜应小于 0.2m。

（2）混凝土杆不应有严重裂纹、铁锈水，保护层不应脱落、疏松、钢筋外露，混凝土杆不宜有纵向裂纹，横向裂纹不宜超过 1/3 周长，且裂纹宽度不宜大于 0.5mm；焊接杆焊接处应无裂纹，无严重锈蚀；铁塔（钢杆）

图 5-22　10kV 跌落式熔断器实物图

不应严重锈蚀，主材弯曲度不应超过 5/1000，混凝土基础不应有裂纹、疏松、露筋。

（3）基础无损坏、下沉、上拔，周围土壤无挖掘或沉陷。

（4）基础保护帽上部塔材未被埋入土或废弃物堆中，塔材无锈蚀、缺失。

（5）各部螺丝应紧固，杆塔部件的固定处无缺螺栓或螺母，螺栓无松动等。

（6）防洪设施无损坏、坍塌。

（7）杆塔保护设施完好，安全标示清晰。

（8）各类标识（杆号牌、相位牌、3m 线标记等）齐全、清晰明显、规范统一、位置合适、安装牢固。

（9）杆塔周围无蔓藤类植物和其他附着物，无危及安全的鸟巢、风筝及杂物。

5.3.3.2　无人机巡检导线要求

（1）导线有无断股、损伤、烧伤、腐蚀的痕迹，绑扎线无脱落、开裂，连接线夹螺栓紧固、无跑线现象。

（2）过引线无损伤、断股、松股、歪扭，与杆塔、构件及其他引线间距离符合规定。

（3）导线连接部位良好，无过热变色和严重腐蚀，连接线夹无缺失。

（4）跳（档）线、引线有无损伤、断股、弯扭。

（5）导线上有无抛扔物。

（6）架空绝缘导线经无人机红外测温无过热。

5.3.3.3　无人机柱上开关设备要求

（1）外壳无渗、漏油和锈蚀现象。

（2）套管无破损、裂纹和严重污染或放电闪络的痕迹。

（3）开关的固定牢固，无下倾现象，支架无歪斜、松动现象，线间和对地距离经激光雷达测距后需满足要求。

（4）各个电气连接点经无人机红外测温后无过热现象。

5.3.3.4　无人机巡检配电变压器要求

（1）经无人机红外测温，变压器各部件接点无过热现象。

（2）变压器套管清洁，无裂纹、击穿、烧损和严重污秽。

（3）配变外壳无脱漆、锈蚀，焊口无裂纹、渗油。

（4）标识标示齐全、清晰，铭牌和编号等完好。

5.3.3.5　无人机巡检防雷和接地装置要求

（1）避雷器本体及绝缘罩外观无破损、开裂，无闪络痕迹，表面无脏污。

（2）避雷器上、下引线连接良好。

（3）避雷器支架无歪斜，铁件无锈蚀。

（4）防雷金具等保护间隙无烧损、锈蚀或被外物短接。

（5）接地线绝缘护套无破损，接地体无外露、严重锈蚀现象。

5.3.3.6　无人机巡检铁件、金具、绝缘子、附件运行要求

（1）铁横担与金具无严重锈蚀、变形、磨损、起皮或出现严重麻点现象。

（2）横担上下倾斜、左右偏斜不应大于横担长度的 2%。

（3）螺栓无松动，无缺螺帽、销子等现象。

（4）开口销及弹簧销无锈蚀、断裂、脱落。

（5）线夹、连接器上无锈蚀，经过无人机红外测温无过热现象，连接线夹弹簧垫齐全、紧固。

（6）瓷质绝缘子无损伤和闪络痕迹，合成绝缘子的绝缘介质无龟裂、破损、脱落。

（7）瓷横担、瓷顶担无偏斜。

（8）铁件无严重锈蚀，针式绝缘子无歪斜。

（9）支持绝缘子绑扎线无松弛和开断现象。

（10）与绝缘导线直接接触的金具绝缘罩齐全，无开裂、发热变色变形，接地环设置满足要求。

（11）防振锤无移位、脱落、偏斜。

5.3.3.7　无人机巡检拉线运行要求

（1）拉线无断股、松弛、严重锈蚀。

（2）拉线棒无严重锈蚀、变形、损伤及上拔现象。

（3）拉线绝缘子无破损或缺少。

（4）拉线的抱箍、拉线棒、UT 型线夹、楔型线夹等金具铁件无变形、锈蚀、松动或丢失现象。

5.3.3.8　无人机巡检隔离负荷开关、隔离开关（刀闸）、跌落式熔断器运行要求

（1）绝缘件无裂纹、闪络、破损及严重污秽。

（2）熔丝管无弯曲、变形。

（3）触头间接触良好，经无人机红外测温无过热现象。

（4）操作机构无锈蚀现象。

5.3.4　配网线路巡视要求

配电线路无人机巡检应按以下原则执行：

（1）所有辖区内线路应每年至少开展一次无人机精细化巡视。第一次精细化巡检时应同时采集航线数据，如线路无其他变动，后期精细化巡检应采取自主巡检的方式，若有变动，应及时更新航线，原则上精细化巡检都应采用自主巡检的方式进行。

（2）无人机精细化巡检计划应结合线路停电检修计划安排巡检时间，无人机精细化巡检宜在检修前 90 日内完成，完成后编制缺陷报告，交由线路管理部门。线路检修后，宜使用无人机督察线路检修质量，形成督察报告，再次发给线路管理部门。

（3）新建、改（扩）建、大修线路（段）投运前，应全面开展一次无人机精细化巡检验收，消缺后应再进行一次线路督察飞行，以检测消缺质量。

（4）新建、改（扩）建线路应在投运前完成一次激光扫描，重点监测通道内林木，应结合林业部门数据，对树木生长情况进行预测，在其对线路产生威胁前及时清理。

第6章
无人机巡检作业

6.1 巡检任务制定

6.1.1 作业前准备

6.1.1.1 现场勘察

无人机巡检作业前，应根据巡检任务需求收集所需巡检线路的地理位置分布图，提前掌握巡检线路走向和走势、交叉跨越、杆塔坐标、巡检区域地形地貌、起飞和降落点环境、交通运输条件及其他航线规划条件，对复杂地形、复杂气象条件下或夜间开展的无人机巡检作业以及现场勘察认为危险性、复杂性和困难程度较大的无人机巡检作业，应专门编制组织措施、技术措施、安全措施。现场勘察至少由无人机操作员和现场负责人参与完成，并正确填写无人机巡检作业现场勘查记录单。

6.1.1.2 危险源辨识

无人机巡检作业工作负责人应能正确评估被巡检设备布置情况、线路走向和走势、线路交叉跨越情况、空中管制区分布、周边地形地貌、通信阻隔和无线电干扰情况、交通运输条件、邻近树竹及建筑设施分布、周边人员活动情况、作业时段及其他危险点等对巡检作业安全、质量和效率的影响；能根据现场情况正确制定为保证作业安全和质量需采取的技术措施和安全措施。

考虑到无人机巡检作业中可能出现的人身、设备安全隐患以及质量问题，为保障巡检作业的安全进行，尽可能降低安全事故，对作业中常见的可能风险来源做出了具体的预控措施，见表6-1。

6.1.1.3 航线规划

作业前一周，工作负责人应根据巡检任务类型、被巡设备布置、无人机巡检系统技术性能状况、周边环境等情况正确规划巡检航线，按照国家有关法规，对无人机在输电线路通道两侧的空间内活动的规则、方式和时间等进行提前申请，并获得许可。

6.1.1.4 巡检作业流程

使用无人机巡检系统开展的线路设备巡检、通道环境巡视、线路勘察和灾情巡视等工作时应填写无人机巡检作业工作票。应严格按照工作票签发、许可、终结流程进行。

表 6-1　　　　　　　　　　　　　风 险 及 预 控 措 施

风险范畴	风险名称	风险来源	预防控制措施
安全	起降现场	场地不平坦，有杂物，面积过小，周围有遮挡	按要求选取合适的场地
		多旋翼无人机 3～5m 内有影响无人机起降的人员或物品	明确多旋翼无人机起降安全范围，严禁安全范围内存在的人或物品
		固定翼无人机在起降跑道上有影响无人机起降的人员或物品	明确固定翼无人机起降安全范围，拉起警戒带，严禁安全范围内存在人或物品
		多旋翼无人机起飞和降落时发生事故	巡检人员严格按照产品使用说明书使用产品； 起飞前进行详细检查； 多旋翼无人机进行自检
		固定翼无人机起飞和降落时发生事故	巡检人员严格按照产品使用说明书使用产品； 起飞前进行详细检查； 固定翼无人机进行自检； 无人机操作员具备相应机型操作资质
	飞行故障及事故	飞行过程中零部件脱落	起飞前做好详细检查，零部件螺丝应紧固，确保各零部件连接安全、牢固
		巡检范围内存在影响飞行安全的障碍物（交叉跨越线路、通信铁塔等）或禁飞区	巡检前做好巡检计划，充分掌握巡检线路及周边环境情况资料； 现场充分观察周边情况； 作业时提高警惕，保持安全距离； 靠近禁飞区及时返航
		微地形、微气象区作业	现场充分了解当前的地形、气象条件，作业时提高警惕
		安全距离不足导致导线对多旋翼无人机放电	满足各电压等级带电作业的安全距离要求
		无人机与线路本体发生碰撞	作业时无人机与线路本体至少保持水平距离 5m
		恶劣天气影响	作业前应及时全面掌握飞行区域气象资料，严禁在雷、雨、大风（根据多旋翼抗风性能而定）或者大雾等恶劣天气下进行飞行作业。 在遇到天气突变时，应立即返场
		通信中断	预设通信中断自动返航功能
		动力设备突发故障	由自主飞行模式切换回手动控制，取得飞机的控制权； 迅速减小飞行速度，尽量保持飞机平衡，尽快安全降落
		GPS 故障或信号接收故障，多旋翼迷航	在测控通信正常的情况下，由自主飞行模式切换回手动模式，尽快安全降落或返航
设备	飞机安全	多旋翼无人机遭人为破坏或偷盗	妥善放置保管
		固定翼无人机相关设备、工具被借用或损坏	加强物资管理，做好登记，及时对被损坏设备进行补充

续表

风险范畴	风险名称	风险来源	预防控制措施
	人员资质	人员不具备相应机型操作资格	对作业人员进行培训
	人员疲劳作业	人员长时间作业导致疲劳操作	及时更换作业人员
人员	人员中暑	高温天气下连续作业	准备充足饮用水，装备必要的劳保用品；携带防暑药品
	人员冻伤	在低温天气及寒风下长时间工作	控制作业时间、穿着足够的防寒衣物

一张工作票只能使用一种型号的无人机巡检系统。使用不同型号的无人机巡检系统进行作业，应分别填写工作票。一个工作负责人不能同时执行多张工作票。在巡检作业工作期间，工作票应始终保留在工作负责人手中。

工作许可人应由熟悉空域使用相关管理规定和政策、地形地貌情况、环境条件、线路情况、无人机巡检系统、相关安全工作规程，具有航线申请、空管报批相关工作经验，并经省（地、市）检修公司分管生产领导书面批准的人员担任。

工作许可人需负责审查飞行空域是否已获批准、航线规划是否满足安全飞行要求、安全措施等是否正确完备、安全策略设置等是否正确完备、异常处理措施是否正确完备等。巡检作业流程如图 6-1 所示。

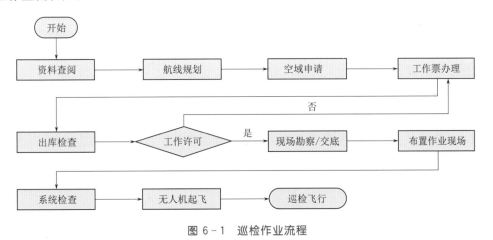

图 6-1 巡检作业流程

6.1.2 PMS3.0 应用

无人机巡检样板间建设遵循 PMS3.0 总体架构，结合业务中台与技术中台提供的公共服务，支持管理信息大区、互联网大区输电专业无人机作业信息调取，巡视资料存储等业务功能，实现无人机自主巡检的全流程线上流转。数据架构基于 PMS3.0 核心用例应用场景数据持久化需求和两级数据中台关键数据流转内容分析，将 PMS3.0 所涉及的总部内外网和省市公司内网应用的数据主题分级梳理，对数据分类、数据分布等进行逻辑划分，共同组成 PMS3.0 的数据架构，支撑应用架构中各类应用功能的各种数据存储以及它们之间的关系。

业务人员通过无人机巡检系统，对巡检任务进行创建周任务。最后将审批之后的结果数据，同步至业务中台，由业务中台进行统一数据汇总。PMS3.0总体架构如图6-2所示。

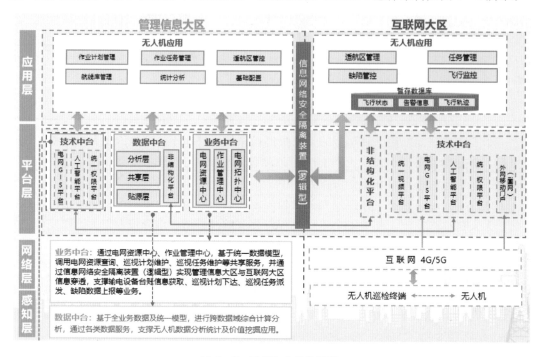

图 6-2　PMS3.0 总体架构

PMS3.0总体架构横向分为管理信息大区、互联网大区，纵向分为感知层、网络层、平台层、应用层。

管理信息大区通过业务中台的共享服务并结合技术中台，提供作业计划管理、作业任务管理、适航区管控、航线库管理等功能，通过数据中台提供统计分析功能。

互联网大区提供适航区管理、任务管理等功能，通过技术中台提供飞行监控管理、缺陷管控等功能，同时对无人机巡检终端提供自主巡检数据流转支撑。

6.2　本体巡检

6.2.1　输电设备精细化巡检

6.2.1.1　巡视内容

输电设备精细化巡视是指利用多旋翼无人机对输电线路杆塔、通道及其附属设施进行全方位高效率巡视，可以发现螺栓、销钉等这些无法通过人工地面巡视发现的缺陷的巡视作业。巡检主要对输电线路杆塔、导地线、绝缘子串、金具、通道环境、基础、接地装置、附属设施8大单元进行检查；巡检时根据线路运行情况和检查要求，选择性搭载相应的检测设备进行可见光巡检、红外巡检项目。巡检项目可以单独进行，也可以根据需要组合进行。可见光巡检主要检查内容为导/地线、杆塔、金具、绝缘子、其他、光缆、附属设施等外部可见异常情况和缺陷。红外巡检主要检查内容为导线接续管、耐张管、跳线线夹及绝缘子等相关部件是否发热异常情况。输电巡检内容见表6-2。

表6-2   输电巡检内容表

分类	设备	可见光巡检	红外巡检
线路本体	导/地线	散股、断股、损伤、断线、放电烧伤、悬挂漂浮物、弧垂过大或过小、严重锈蚀、有电晕现象、导线缠绕（混线）、覆冰、舞动、风偏过大、对交叉跨越物距离不足等	发热点、放电点
	杆塔	杆塔倾斜、塔材弯曲、地线支架变形、塔材丢失、螺栓丢失、严重锈蚀、脚钉缺失、爬梯变形、土埋塔脚等	
	金具	线夹断裂、裂纹、磨损、销钉脱落或严重锈蚀；均压环、屏蔽环烧伤，螺栓松动；防振锤跑位、脱落、严重锈蚀，阻尼线变形、烧伤；间隔棒松脱、变形或离位；各种连板、连接环、调整板损伤、裂纹等	连接点、放电点发热
	绝缘子	绝缘子自爆、伞裙破损、严重污秽、有放电痕迹、弹簧销缺损、钢帽裂纹、断裂，钢脚严重锈蚀或蚀损等	击穿发热
	其他	设备损坏情况	发热点
	光缆	损坏、断裂、弛度变化等	
附属设施	防鸟、防雷等装置	破损、变形、松脱等	
	各种监测装置	缺失、损坏等	

6.2.1.2　巡视分解

1. 飞行及巡视拍摄要求

多旋翼无人机作业应尽可能实现对杆塔设备、附属设施的全覆盖，根据机型特点、巡检塔型应遵照标准化作业流程开展作业，巡检导/地线、绝缘子串、销钉、均压环、防振锤等重要设备发现缺陷故障点时，以俯视、仰视、平视等多个角度，顺线路方向、垂直线路方向以及距离设备5m处进行航拍。

多旋翼无人机巡检拍摄内容应包含塔全貌、塔头、塔身、杆号牌、绝缘子、各挂点、金具、通道等，具体拍摄内容见表6-3。

（1）基本原则。多旋翼无人机巡检路径规划的基本原则是：面向大号侧先左后右，从下至上（对侧从上至下），先小号侧后大号侧。有条件的单位应根据输电设备结构选择合适的拍摄位置，并固化作业点，建立标准化航线库。航线库应包括线路名称、杆塔号、杆塔类型、布线型式、杆塔地理坐标、作业点成像参数等信息。

（2）直线塔拍摄原则：

单回直线塔，面向大号侧先拍左相再拍中相后拍右相，先拍小号侧后拍大号侧。

双回直线塔，面向大号侧先拍左回后拍右回，先拍下相再拍中相后拍上相（对侧先拍上相再拍中相后拍下相，"∩"形顺序拍摄），先拍小号侧后拍大号侧。

表 6 - 3　　　　　　　　拍　摄　内　容

拍　摄　部　位		拍　摄　重　点
直线塔	塔概况	塔全貌、塔头、塔身、杆号牌、塔基
	绝缘子串	绝缘子
	悬垂绝缘子横担端	绝缘子碗头销、保护金具、铁塔挂点金具
	悬垂绝缘子导线端	导线线夹、各挂板、联板等金具
		碗头挂板销
	地线悬垂金具	地线线夹、接地引下线连接金具、挂板
	通道	小号侧通道、大号侧通道
耐张塔	塔概况	塔全貌、塔头、塔身、杆号牌、塔基
	耐张绝缘子横担端	调整板、挂板等金具
	耐张绝缘子导线端	导线耐张线夹，各挂板、联板、防振锤等金具
	耐张绝缘子串	每片绝缘子表面及连接情况
	地线耐张（直线金具）金具	地线耐张线夹、接地引下线连接金具、防振锤、挂板
	引流线绝缘子横担端	绝缘子碗头销、铁塔挂点金具
	引流绝缘子导线端	碗头挂板销、引流线夹、联板、重锤等金具
	引流线	引流线、引流线绝缘子、间隔棒
	通道	小号侧通道、大号侧通道

（3）耐张塔拍摄原则：

单回耐张塔，面向大号侧先拍左相再拍中相后拍右相，先拍小号侧再拍跳线串后拍大号侧。小号侧先拍导线端后拍横担端，跳线串先拍横担端后拍导线端，大号侧先拍横担端后拍导线端。

双回耐张塔，面向大号侧先拍左回后拍右回，先拍下相再拍中相后拍上相（对侧先拍上相再拍中相后拍下相，"∩"形顺序拍摄），先拍小号侧再拍跳线后拍大号侧，小号侧先拍导线端后拍横担端，跳线串先拍横担端后拍导线端，大号侧先拍横担端后拍导线端。

2. 典型塔型精细化巡检

此处列举了交流线路单回直线酒杯塔的路径规划与拍摄方式，其他塔型参考执行。

交流线路单回直线酒杯塔无人机巡检路径规划图如图 6 - 3 所示。

交流线路单回直线酒杯塔无人机巡检推荐拍摄规则见表 6 - 4。

特殊情况下，可采用多旋翼无人机开展通道巡检，其图像及视频的采集方式和采集范围同固定翼无人机。

3. 图像及视频采集标准

多旋翼无人机开展本体精细化巡检时，其图像采集内容包括杆塔及基础各部位、导地线、附属设施、大小号侧通道等；采集的图像应清晰，可准确辨识销钉级缺陷，拍摄角度合理。

（1）交流线路单回直线酒杯塔。交流线路单回直线酒杯塔无人机巡检路径图如图 6 - 4 所示。交流线路单回直线酒杯塔无人机巡检拍摄规则见表 6 - 5。

图 6-3　交流线路单回直线酒杯塔无人机巡检路径规划图

A—1　塔全貌；B—2　塔头；C—3　塔身；D—4　杆号牌；E—5　塔基；F—6　左相导线端挂点；
F—7　左相绝缘子串；F—8　左相横担挂点；G—9　左侧地线；H—10　中相横担挂点；H—11　中相绝缘子串；H—12　中相导线端挂点；H—13　中相绝缘子串；H—14　中相横担挂点；I—15　右侧地线；J—16　右相横担处挂点；J—17　右相绝缘子串；J—18　右相导线端挂点；K—19　小号侧通道；K—20　大号侧通道

表 6-4　　　　　　　　　交流线路单回直线酒杯塔无人机巡检推荐拍摄规则

无人机悬停区域	拍摄部位编号	拍摄部位	无人机拍摄位置	拍摄角度	拍摄质量要求
A	1	塔全貌	从杆塔远处，并高于杆塔，杆塔完全在影像画面里	俯视	塔全貌完整，能够清晰分辨塔材和杆塔角度，主体上下占比不低于全幅80%
B	2	塔头	从杆塔斜上方拍摄	俯视	能够完整看到杆塔塔头
C	3	塔身	杆塔斜上方，略低于塔头拍摄高度	平视/俯视	能够看到除塔头及塔基部位的其他结构全貌
D	4	杆号牌	无人机镜头平视或俯视拍摄塔号牌	平视/俯视	能清晰分辨杆号牌上线路双重名称
E	5	塔基	走廊正面或侧面面向塔基俯视拍摄	俯视	能够看清塔基附近地面情况，拉线是否连接牢靠
F	6	左相导线端挂点	面向金具锁紧销安装侧，拍摄金具整体	平视/俯视	能够清晰分辨螺栓、螺母、锁紧销等小尺寸金具及防振锤。设备相互遮挡时，采取多角度拍摄。每张照片至少包含一片绝缘子
F	7	左相绝缘子串	正对绝缘子串，在其中心点以上位置拍摄	平视	需覆盖绝缘子整串，可拍多张照片，最终能够清晰分辨绝缘子片表面损痕和每片绝缘子连接情况

续表

无人机悬停区域	拍摄部位编号	拍摄部位	无人机拍摄位置	拍摄角度	拍摄质量要求
F	8	左相横担挂点	与挂点高度平行，小角度斜侧方拍摄	平视/俯视	能够清晰分辨螺栓、螺母、锁紧销等小尺寸金具。设备相互遮挡时，采取多角度拍摄。每张照片至少包含一片绝缘子
G	9	左侧地线	高度与地线挂点平行或以不大于30°俯视，小角度斜侧方拍摄	平视/俯视/仰视	能够判断各类金具的组合安装状态，与地线接触位置铝包带安装状态，清晰分辨锁紧位置的螺母销物件。设备相互遮挡时，采取多角度拍摄
H	10	中相横担挂点	与挂点高度平行，小角度斜侧方拍摄	平视	能够清晰分辨螺栓、螺母、锁紧销等小尺寸金具。设备相互遮挡时，采取多角度拍摄。每张照片至少包含一片绝缘子
H	11	中相绝缘子串	正对绝缘子串，在其中心点以上位置拍摄	平视	需覆盖绝缘子整串，可拍多张照片，最终能够清晰分辨绝缘子片表面损痕和每片绝缘子连接情况
H	12	中相导线端挂点	与挂点高度平行，小角度斜侧方拍摄	平视	能够清晰分辨螺栓、螺母、锁紧销等小尺寸金具及防振锤。设备相互遮挡时，采取多角度拍摄。每张照片至少包含一片绝缘子
H	13	中相绝缘子串	正对绝缘子串，在其中心点以上位置拍摄	平视	需覆盖绝缘子整串，可拍多张照片，最终能够清晰分辨绝缘子片表面损痕和每片绝缘子连接情况
H	14	中相横担挂点	正对横担挂点位置拍摄	平视/俯视	能够清晰分辨挂点锁紧销等金具
I	15	右侧地线	高度与地线挂点平行或以不大于30°俯视，小角度斜侧方拍摄	俯视	能够判断各类金具的组合安装状态，与地线接触位置铝包带安装状态，清晰分辨锁紧位置的螺母销物件。设备相互遮挡时，采取多角度拍摄
J	16	右相横担处挂点	与挂点高度平行，小角度斜侧方拍摄	平视	能够清晰分辨螺栓、螺母、锁紧销等小尺寸金具。设备相互遮挡时，采取多角度拍摄。每张照片至少包含一片绝缘子
J	17	右相绝缘子串	正对绝缘子串，在其中心点以上位置拍摄	平视	需覆盖绝缘子整串，如无法覆盖则至多分两段拍摄，最终能够清晰分辨绝缘子片表面损痕和每片绝缘子连接情况
J	18	右相导线端挂点	与挂点高度平行，小角度斜侧方拍摄	平视	能够清晰分辨螺栓、螺母、锁紧销等小尺寸金具及防振锤。设备相互遮挡时，采取多角度拍摄。每张照片至少包含一片绝缘子
K	19	小号侧通道	塔身侧方位置先小号通道，后大号通道	平视	能够清晰完整看到杆塔的通道情况，如建筑物、树木、交叉、跨越的线路等
K	20	大号侧通道	塔身侧方位置先小号通道，后大号通道	平视	能够清晰完整看到杆塔的通道情况，如建筑物、树木、交叉、跨越的线路等

图 6-4　交流线路单回直线酒杯塔无人机巡检路径图

A—1　全塔；B—2　塔头；C—3　塔身；D—4　杆号牌；E—5　基础；F—6　左相导线端挂点；
F—7　左相绝缘子串；F—8　左相横担端挂点；G—9　左侧地线；H—10　中相横担端挂点；
H—11　中相绝缘子串；H—12　中相导线端挂点；I—13　右侧地线；J—14　右相横担处挂点；
J—15　右相绝缘子串；J—16　右相导线端挂点；K—17　小号侧通道；K—18　大号侧通道

表 6-5　　　　　　　　　交流线路单回直线酒杯塔无人机巡检拍摄规则

拍摄部位编号	悬停位置	拍摄部位	示　例	拍摄方法
1	A—1 略高于或平齐塔头，距离杆塔约15m处拍摄	全塔		拍摄角度：俯视 拍摄要求：杆塔全貌，能够清晰分辨全塔和杆塔角度，主体占比不低于全幅80%

续表

拍摄部位编号	悬停位置	拍摄部位	示　例	拍摄方法
2	B—2 高于或平齐塔头，距离塔头 10m	塔头		拍摄角度：俯视 拍摄要求：能够完整杆塔塔头
3	C—3 在塔身中间或塔头下端，距离塔身约 15m 处	塔身		拍摄角度：平视/俯视 拍摄要求：能够看到除塔头、基础外的其他结构全貌
4	D—4 平齐或稍高于杆号牌，距离约 5m	杆号牌		拍摄角度：平视/俯视 拍摄要求：能够清晰分辨杆号牌上线路双重名称
5	E—5 高于塔基约 5m，距离拍摄部位约 10m	基础		拍摄角度：俯视 拍摄要求：能够看清塔基附近地面情况，拉线是否连接牢靠
6	F—6 侧方悬停，距离拍摄部位约 5m	左相导线端挂点		拍摄角度：平视/俯视 拍摄要求：能够清晰分辨螺栓、螺母、锁紧销等小尺寸金具及防振锤。设备相互遮挡时，采取多角度拍摄。每张照片至少包含一片绝缘子

续表

拍摄部位编号	悬停位置	拍摄部位	示　例	拍摄方法
7	F—7 侧方悬停，距离拍摄部位约10m	左相绝缘子串		拍摄角度：平视 拍摄要求：需覆盖绝缘子整串，可拍多张照片，最终能够清晰分辨绝缘子表面损痕和每片绝缘子连接情况
8	F—8 侧方悬停，距离拍摄部位约5m	左相横担端挂点		拍摄角度：平视/俯视 拍摄要求：能够清晰分辨螺栓、螺母、锁紧销等小尺寸金具。设备相互遮挡时，采取多角度拍摄。每张照片至少包含一片绝缘子
9	G—9 侧方悬停，距离拍摄部位约5m	左侧地线		拍摄角度：平视/俯视/仰视 拍摄要求：能够判断各类金具的组合安装状态，与地线接触位置铝包带安装状态，清晰分辨锁紧位置的螺母销级物件。设备相互遮挡时，采取多角度拍摄
10	H—10 侧方悬停，距离拍摄部位约5m	中相横担端挂点		拍摄角度：平视/俯视 拍摄要求：能够清晰分辨螺栓、螺母、锁紧销等小尺寸金具。设备相互遮挡时，采取多角度拍摄。每张照片至少包含一片绝缘子
11	H—11 侧方悬停，距离拍摄部位约10m	中相绝缘子串		拍摄角度：平视 拍摄要求：需覆盖绝缘子整串，可拍多张照片，最终能够清晰分辨绝缘子表面损痕和每片绝缘子连接情况

续表

拍摄部位编号	悬停位置	拍摄部位	示　例	拍摄方法
12	H—12 侧方悬停，距离拍摄部位约 5m	中相导线端挂点		拍摄角度：平视/俯视 拍摄要求：能够清晰分辨螺栓、螺母、锁紧销等小尺寸金具及防振锤。设备相互遮挡时，采取多角度拍摄。每张照片至少包含一片绝缘子
13	I—13 侧方悬停，距离拍摄部位约 5m	右侧地线		拍摄角度：平视/俯视/仰视 拍摄要求：能够判断各类金具的组合安装状态，与地线接触位置铝包带安装状态，清晰分辨锁紧位置的螺母销级物件。设备相互遮挡时，采取多角度拍摄
14	J—14 侧方悬停，距离拍摄部位约 5m	右相横担处挂点		拍摄角度：俯视 拍摄要求：需覆盖绝缘子整串，可拍多张照片，最终能够清晰分辨绝缘子表面损痕和每片绝缘子连接情况
15	J—15 侧方悬停，距离拍摄部位约 10m	右相绝缘子串		拍摄角度：平视/俯视 拍摄要求：能够清晰分辨螺栓、螺母、锁紧销等小尺寸金具及防振锤。金具相互遮挡时，采取多角度拍摄
16	J—16 侧方悬停，距离拍摄部位约 5m	右相导线端挂点		拍摄角度：平视/俯视 拍摄要求：能够清晰分辨螺栓、螺母、锁紧销等小尺寸金具及防振锤。金具相互遮挡时，采取多角度拍摄

续表

拍摄部位编号	悬停位置	拍摄部位	示例	拍摄方法
17	K—17 距离拍摄部位约10m	小号侧通道		拍摄角度：平视/俯视 拍摄要求：能够清晰完整地看到杆塔的通道情况，如树木、交叉、跨越情况
18	K—18 侧方悬停，距离拍摄部位约10m	大号侧通道		拍摄角度：平视/俯视 拍摄要求：能够清晰完整地看到杆塔的通道情况，如树木、交叉、跨越情况

（2）交流线路单回直线猫头塔。交流线路单回直线猫头塔无人机巡检路径规划图如图6-5所示。交流线路单回直线猫头塔无人机巡检拍摄规则见表6-6。

图6-5 交流线路单回直线猫头塔无人机巡检路径规划图

A—1 全塔；B—2 塔头；C—3 塔身；D—4 杆号牌；E—5 基础；F—6 左相绝缘子导线端挂点；
F—7 左相绝缘子；F—8 左相绝缘子横担端挂点；G—9 左地线挂点；H—10 中相绝缘子
横担端挂点；H—11 中相绝缘子；H—12 中相绝缘子导线端挂点；I—13 右地线挂点；
J—14 右相绝缘子横担端挂点；J—15 右相绝缘子；J—16 右相绝缘子导线端挂点

表 6 - 6　　　　　　　　交流线路单回直线猫头塔无人机巡检拍摄规则

拍摄部位编号	悬停位置	拍摄部位	示　例	拍摄方法
1	A—1	全塔		拍摄角度：平视/俯视 拍摄要求：杆塔全貌，能够清晰分辨全塔和杆塔角度，主体占比不低于全幅80%
2	B—2	塔头		拍摄角度：平视/俯视 拍摄要求：能够完整看到杆塔塔头
3	C—3	塔身		拍摄角度：平视/俯视 拍摄要求：能够看到除塔头、基础外的其他结构全貌
4	D—4	杆号牌		拍摄角度：平视/俯视 拍摄要求：能够清晰分辨杆号牌上线路双重名称
5	E—5	基础		拍摄角度：俯视 拍摄要求：能够清晰看到基础附近地面情况

续表

拍摄部位编号	悬停位置	拍摄部位	示　例	拍摄方法
6	F—6	左相绝缘子导线端挂点		拍摄角度：平视/俯视 拍摄要求：能够清晰分辨螺栓、螺母、锁紧销等小尺寸金具及防振锤。金具相互遮挡时，采取多角度拍摄
7	F—7	左相绝缘子		拍摄角度：俯视 拍摄要求：需覆盖绝缘子整串，可拍多张照片，最终能够清晰分辨绝缘子表面损痕和每片绝缘子连接情况
8	F—8	左相绝缘子横担端挂点		拍摄角度：平视/俯视 拍摄要求：能够清晰分辨螺栓、螺母、锁紧销等小尺寸金具及防振锤。金具相互遮挡时，采取多角度拍摄
9	G—9	左地线挂点		拍摄角度：平视/俯视 拍摄要求：能够清晰分辨金具的组合安装状况，与地线接触位置铝包带安装状态。设备相互遮挡时，采取多角度拍摄
10	H—10	中相绝缘子横担端挂点		拍摄角度：平视/俯视 拍摄要求：能够清晰分辨螺栓、螺母、锁紧销等小尺寸金具及防振锤。金具相互遮挡时，采取多角度拍摄

续表

拍摄部位编号	悬停位置	拍摄部位	示　例	拍摄方法
11	H—11	中相绝缘子		拍摄角度：俯视 拍摄要求：需覆盖绝缘子整串，可拍多张照片，最终能够清晰分辨绝缘子表面损痕和每片绝缘子连接情况
12	H—12	中相绝缘子导线端挂点		拍摄角度：平视/俯视 拍摄要求：能够清晰分辨螺栓、螺母、锁紧销等小尺寸金具及防振锤。金具相互遮挡时，采取多角度拍摄
13	I—13	右地线挂点		拍摄角度：平视/俯视 拍摄要求：能够清晰分辨金具的组合安装状况，与地线接触位置铝包带安装状态。设备相互遮挡时，采取多角度拍摄
14	J—14	右相绝缘子横担端挂点		拍摄角度：平视/俯视 拍摄要求：能够清晰分辨螺栓、螺母、锁紧销等小尺寸金具及防振锤。金具相互遮挡时，采取多角度拍摄
15	J—15	右相绝缘子		拍摄角度：俯视 拍摄要求：需覆盖绝缘子整串，可拍多张照片，最终能够清晰分辨绝缘子表面损痕和每片绝缘子连接情况

续表

拍摄部位编号	悬停位置	拍摄部位	示　例	拍摄方法
16	J—16	右相绝缘子导线端挂点		拍摄角度：平视/俯视 拍摄要求：能够清晰分辨螺栓、螺母、锁紧销等小尺寸金具及防振锤。金具相互遮挡时，采取多角度拍摄

（3）交流线路双回直线塔。交流线路双回直线塔无人机巡检路径规划图如图6-6所示。交流线路双回直线塔无人机巡检拍摄规则见表6-7。

图6-6　交流线路双回直线塔无人机巡检路径规划图

A—1　全塔；B—2　塔头；C—3　塔身；D—4　杆号牌；E—5　基础；F—6　左回下相导线端挂点；F—7　左回下相绝缘子串；F—8　左回下相横担端挂点；G—9　左回中相导线端挂点；G—10　左回中相绝缘子串；G—11　左回中相横担端挂点；H—12　左回上相导线端挂点；H—13　左回上相绝缘子串；H—14　左回上相横担端挂点；I—15　左回地线；J—16　右回地线；K—17　右回上相横担端挂点；K—18　右回上相绝缘子串；K—19　右回上相导线端挂点；L—20　右回中相横担端挂点；L—21　右回中相绝缘子串；L—22　右回中相导线端挂点；M—23　右回下相横担端挂点；M—24　右回下相绝缘子串；M—25　右回下相导线端挂点；N—26　小号侧通道；N—27　大号侧通道

表 6-7　　　　　　　　　　交流线路双回直线塔无人机巡检拍摄规则

拍摄部位编号	悬停位置	拍摄部位	示　例	拍摄方法
1	A—1	全塔		拍摄角度：俯视 拍摄要求：杆塔全貌，能够清晰分辨全塔和杆塔角度，主体占比不低于全幅 80%
2	B—2	塔头		拍摄角度：俯视 拍摄要求：能够完整看到杆塔塔头
3	C—3	塔身		拍摄角度：平视/俯视 拍摄要求：能够看到除塔头、基础外的其他结构全貌
4	D—4	杆号牌		拍摄角度：平视/俯视 拍摄要求：能够清晰分辨杆号牌上线路双重名称
5	E—5	基础		拍摄角度：俯视 拍摄要求：能够清晰看到基础附近地面情况

拍摄部位编号	悬停位置	拍摄部位	示　例	拍摄方法
6	F—6	左回下相导线端挂点		拍摄角度：平视/俯视 拍摄要求：能够清晰分辨螺栓、螺母、锁紧销等小尺寸金具及防振锤。设备相互遮挡时，采取多角度拍摄
7	F—7	左回下相绝缘子串		拍摄角度：平视 拍摄要求：需覆盖绝缘子整串，可拍多张照片，最终能够清晰分辨绝缘子表面损痕和每片绝缘子连接情况
8	F—8	左回下相横担端挂点		拍摄角度：平视/俯视 拍摄要求：能够清晰分辨螺栓、螺母、锁紧销等小尺寸金具及防振锤。设备相互遮挡时，采取多角度拍摄
9	G—9	左回中相导线端挂点		拍摄角度：平视/俯视 拍摄要求：能够清晰分辨螺栓、螺母、锁紧销等小尺寸金具及防振锤。设备相互遮挡时，采取多角度拍摄
10	G—10	左回中相绝缘子串		拍摄角度：平视 拍摄要求：需覆盖绝缘子整串，可拍多张照片，最终能够清晰分辨绝缘子表面损痕和每片绝缘子连接情况

续表

拍摄部位编号	悬停位置	拍摄部位	示　例	拍摄方法
11	G—11	左回中相横担端挂点		拍摄角度：平视/俯视 拍摄要求：能够清晰分辨螺栓、螺母、锁紧销等小尺寸金具及防振锤。设备相互遮挡时，采取多角度拍摄
12	H—12	左回上相导线端挂点		拍摄角度：平视/俯视 拍摄要求：能够清晰分辨螺栓、螺母、锁紧销等小尺寸金具及防振锤。设备相互遮挡时，采取多角度拍摄
13	H—13	左回上相绝缘子串		拍摄角度：平视 拍摄要求：需覆盖绝缘子整串，可拍多张照片，最终能够清晰分辨绝缘子表面损痕和每片绝缘子连接情况
14	H—14	左回上相横担端挂点		拍摄角度：平视/俯视 拍摄要求：能够清晰分辨螺栓、螺母、锁紧销等小尺寸金具及防振锤。设备相互遮挡时，采取多角度拍摄
15	I—15	左回地线		拍摄角度：平视/俯视/仰视 拍摄要求：能够判断各类金具的组合安装状态，与地线接触位置铝包带安装状态，清晰分辨螺栓、螺母、锁紧销等小尺寸金具及防振锤。设备相互遮挡时，采取多角度拍摄

拍摄部位编号	悬停位置	拍摄部位	示 例	拍摄方法
16	J—16	右回地线		拍摄角度：平视/俯视/仰视 拍摄要求：能够判断各类金具的组合安装状态，与地线接触位置铝包带安装状态，清晰分辨螺栓、螺母、锁紧销等小尺寸金具及防振锤。设备相互遮挡时，采取多角度拍摄
17	K—17	右回上相横担端挂点		拍摄角度：平视/俯视 拍摄要求：能够清晰分辨螺栓、螺母、锁紧销等小尺寸金具及防振锤。设备相互遮挡时，采取多角度拍摄
18	K—18	右回上相绝缘子串		拍摄角度：平视 拍摄要求：需覆盖绝缘子整串，可拍多张照片，最终能够清晰分辨绝缘子表面损痕和每片绝缘子连接情况
19	K—19	右回上相导线端挂点		拍摄角度：平视/俯视 拍摄要求：能够清晰分辨螺栓、螺母、锁紧销等小尺寸金具及防振锤。设备相互遮挡时，采取多角度拍摄
20	L—20	右回中相横担端挂点		拍摄角度：平视/俯视 拍摄要求：能够清晰分辨螺栓、螺母、锁紧销等小尺寸金具及防振锤。设备相互遮挡时，采取多角度拍摄

续表

拍摄部位编号	悬停位置	拍摄部位	示　例	拍摄方法
21	L—21	右回中相绝缘子串		拍摄角度：平视 拍摄要求：需覆盖绝缘子整串，可拍多张照片，最终能够清晰分辨绝缘子表面损痕和每片绝缘子连接情况
22	L—22	右回中相导线端挂点		拍摄角度：平视/俯视 拍摄要求：能够清晰分辨螺栓、螺母、锁紧销等小尺寸金具及防振锤。设备相互遮挡时，采取多角度拍摄
23	M—23	右回下相横担端挂点		拍摄角度：平视/俯视 拍摄要求：能够清晰分辨螺栓、螺母、锁紧销等小尺寸金具及防振锤。设备相互遮挡时，采取多角度拍摄
24	M—24	右回下相绝缘子串		拍摄角度：平视 拍摄要求：需覆盖绝缘子整串，可拍多张照片，最终能够清晰分辨绝缘子表面损痕和每片绝缘子连接情况
25	M—25	右回下相导线端挂点		拍摄角度：平视/俯视 拍摄要求：能够清晰分辨螺栓、螺母、锁紧销等小尺寸金具及防振锤。设备相互遮挡时，采取多角度拍摄

续表

拍摄部位编号	悬停位置	拍摄部位	示例	拍摄方法
26	N—26	小号侧通道		拍摄角度：平视 拍摄要求：能够清晰完整看到杆塔的通道情况，如建筑物、树木、交叉、跨越的线路等
27	N—27	大号侧通道		拍摄角度：平视 拍摄要求：能够清晰完整看到杆塔的通道情况，如建筑物、树木、交叉、跨越的线路等

（4）交流线路单回耐张塔。交流线路单回耐张塔无人机巡检路径规划图如图 6-7 所示。交流线路单回耐张塔无人机巡检拍摄规则见表 6-8。

图 6-7　交流线路单回耐张塔无人机巡检路径规划图

A—1　全塔；B—2　塔头；C—3　塔身；D—4　杆号牌；E—5　基础；F—6　左相小号侧导线端挂点；F—7　左相小号侧绝缘子串；F—8　左相小号侧横担挂点；F—9　左相跳线横担挂点；F—10　左相跳线绝缘子串；F—11　左相跳线导线端挂点；F—12　左相大号侧横担挂点；F—13　左相大号侧绝缘子串；F—14　左相大号侧导线端挂点；G—15　中相小号侧导线端挂点；G—16　中相小号侧绝缘子串；G—17　中相小号侧横担挂点；G—18　中相大号侧横担挂点；G—19　中相大号侧绝缘子串；G—20　中相大号侧导线端挂点；H—21　左侧地线；I—22　右侧地线；J—23　中相左跳线横担挂点；J—24　中相左跳线绝缘子串；J—25　中相左跳线导线端挂点；J—26　中相右跳线横担挂点；J—27　中相右跳线绝缘子串；J—28　中相右跳线导线端挂点；K—29　右相小号侧导线端挂点；K—30　右相小号侧绝缘子串；K—31　右相小号侧横担挂点；K—32　右相大号侧横担挂点；K—33　右相大号侧绝缘子串；K—34　右相大号侧导线端挂点；K—35　小号侧通道；K—36　大号侧通道

表6-8　　　　　　　　　　交流线路单回耐张塔无人机巡检拍摄规则

拍摄部位编号	悬停位置	拍摄部位	示　例	拍摄方法
1	A—1	全塔		拍摄角度：俯视 拍摄要求：杆塔全貌，能够清晰分辨全塔和杆塔角度，主体占比不低于全幅80%
2	B—2	塔头		拍摄角度：俯视 拍摄要求：能够看到完整杆塔塔头
3	C—3	塔身		拍摄角度：平视/俯视 拍摄要求：能够看到除塔头、基础外的其他结构全貌
4	D—4	杆号牌		拍摄角度：平视/俯视 拍摄要求：能够清晰分辨杆号牌上线路双重名称
5	E—5	基础		拍摄角度：俯视 拍摄要求：能够清晰看到基础附近地面情况

续表

拍摄部位编号	悬停位置	拍摄部位	示例	拍摄方法
6	F—6	左相小号侧导线端挂点		拍摄角度：平视/俯视 拍摄要求：能够清晰分辨螺栓、螺母、锁紧销等小尺寸金具及防振锤。设备相互遮挡时，采取多角度拍摄
7	F—7	左相小号侧绝缘子串		拍摄角度：平视 拍摄要求：需覆盖绝缘子整串，可拍多张照片，最终能够清晰分辨绝缘子表面损痕和每片绝缘子连接情况
8	F—8	左相小号侧横担挂点		拍摄角度：平视/俯视 拍摄要求：能够清晰分辨螺栓、螺母、锁紧销等小尺寸金具及防振锤。设备相互遮挡时，采取多角度拍摄
9	F—9	左相跳线横担挂点		拍摄角度：平视/俯视 拍摄要求：能够清晰分辨螺栓、螺母、锁紧销等小尺寸金具及防振锤。设备相互遮挡时，采取多角度拍摄
10	F—10	左相跳线绝缘子串		拍摄角度：平视 拍摄要求：需覆盖绝缘子整串，可拍多张照片，最终能够清晰分辨绝缘子表面损痕和每片绝缘子连接情况

续表

拍摄部位编号	悬停位置	拍摄部位	示　例	拍摄方法
11	F—11	左相跳线导线端挂点		拍摄角度：平视/俯视 拍摄要求：能够清晰分辨螺栓、螺母、锁紧销等小尺寸金具及防振锤。设备相互遮挡时，采取多角度拍摄
12	F—12	左相大号侧横担挂点		拍摄角度：平视/俯视 拍摄要求：能够清晰分辨螺栓、螺母、锁紧销等小尺寸金具及防振锤。设备相互遮挡时，采取多角度拍摄
13	F—13	左相大号侧绝缘子串		拍摄角度：平视 拍摄要求：需覆盖绝缘子整串，可拍多张照片，最终能够清晰分辨绝缘子表面损痕和每片绝缘子连接情况
14	F—14	左相大号侧导线端挂点		拍摄角度：平视/俯视 拍摄要求：能够清晰分辨螺栓、螺母、锁紧销等小尺寸金具及防振锤。设备相互遮挡时，采取多角度拍摄
15	G—15	中相小号侧导线端挂点		拍摄角度：平视/俯视 拍摄要求：能够清晰分辨螺栓、螺母、锁紧销等小尺寸金具及防振锤。设备相互遮挡时，采取多角度拍摄

拍摄部位编号	悬停位置	拍摄部位	示　例	拍摄方法
16	G—16	中相小号侧绝缘子串		拍摄角度：平视 拍摄要求：需覆盖绝缘子整串，可拍多张照片，最终能够清晰分辨绝缘子表面损痕和每片绝缘子连接情况
17	G—17	中相小号侧横担挂点		拍摄角度：平视/俯视 拍摄要求：能够清晰分辨螺栓、螺母、锁紧销等小尺寸金具及防振锤。设备相互遮挡时，采取多角度拍摄
18	G—18	中相大号侧横担挂点		拍摄角度：平视/俯视 拍摄要求：能够清晰分辨螺栓、螺母、锁紧销等小尺寸金具及防振锤。设备相互遮挡时，采取多角度拍摄
19	G—19	中相大号侧绝缘子串		拍摄角度：平视 拍摄要求：需覆盖绝缘子整串，可拍多张照片，最终能够清晰分辨绝缘子表面损痕和每片绝缘子连接情况
20	G—20	中相大号侧导线端挂点		拍摄角度：平视/俯视 拍摄要求：能够清晰分辨螺栓、螺母、锁紧销等小尺寸金具及防振锤。设备相互遮挡时，采取多角度拍摄

续表

拍摄部位编号	悬停位置	拍摄部位	示　例	拍摄方法
21	H—21	左侧地线		拍摄角度：平视/俯视/仰视 拍摄要求：能够判断各类金具的组合安装状态，与地线接触位置铝包带安装状态，清晰分辨锁紧位置的螺母销级物件。设备互相遮挡时，采取多角度拍摄
22	I—22	右侧地线		拍摄角度：平视/俯视/仰视 拍摄要求：能够判断各类金具的组合安装状态，与地线接触位置铝包带安装状态，清晰分辨锁紧位置的螺母销级物件。设备互相遮挡时，采取多角度拍摄
23	J—23	中相左跳线横担挂点		拍摄角度：平视/俯视 拍摄要求：能够清晰分辨螺栓、螺母、锁紧销等小尺寸金具及防振锤。设备相互遮挡时，采取多角度拍摄
24	J—24	中相左跳线绝缘子串		拍摄角度：平视 拍摄要求：需覆盖绝缘子整串，可拍多张照片，最终能够清晰分辨绝缘子表面损痕和每片绝缘子连接情况
25	J—25	中相左跳线导线端挂点		拍摄角度：平视/俯视 拍摄要求：能够清晰分辨螺栓、螺母、锁紧销等小尺寸金具及防振锤。设备相互遮挡时，采取多角度拍摄

续表

拍摄部位编号	悬停位置	拍摄部位	示　例	拍摄方法
26	J—26	中相右跳线横担挂点		拍摄角度：平视/俯视 拍摄要求：能够清晰分辨螺栓、螺母、锁紧销等小尺寸金具及防振锤。设备相互遮挡时，采取多角度拍摄
27	J—27	中相右跳线绝缘子串		拍摄角度：平视 拍摄要求：需覆盖绝缘子整串，可拍多张照片，最终能够清晰分辨绝缘子表面损痕和每片绝缘子连接情况
28	J—28	中相右跳线导线端挂点		拍摄角度：平视/俯视 拍摄要求：能够清晰分辨螺栓、螺母、锁紧销等小尺寸金具及防振锤。设备相互遮挡时，采取多角度拍摄
29	K—29	右相小号侧导线端挂点		拍摄角度：平视/俯视 拍摄要求：能够清晰分辨螺栓、螺母、锁紧销等小尺寸金具及防振锤。设备相互遮挡时，采取多角度拍摄
30	K—30	右相小号侧绝缘子串		拍摄角度：平视 拍摄要求：需覆盖绝缘子整串，可拍多张照片，最终能够清晰分辨绝缘子表面损痕和每片绝缘子连接情况

拍摄部位编号	悬停位置	拍摄部位	示　例	拍摄方法
31	K—31	右相小号侧横担挂点		拍摄角度：平视/俯视 拍摄要求：能够清晰分辨螺栓、螺母、锁紧销等小尺寸金具及防振锤。设备相互遮挡时，采取多角度拍摄
32	K—32	右相大号侧横担挂点		拍摄角度：平视/俯视 拍摄要求：能够清晰分辨螺栓、螺母、锁紧销等小尺寸金具及防振锤。设备相互遮挡时，采取多角度拍摄
33	K—33	右相大号侧绝缘子串		拍摄角度：平视 拍摄要求：需覆盖绝缘子整串，可拍多张照片，最终能够清晰分辨绝缘子表面损痕和每片绝缘子连接情况
34	K—34	右相大号侧导线端挂点		拍摄角度：平视/俯视 拍摄要求：能够清晰分辨螺栓、螺母、锁紧销等小尺寸金具及防振锤。设备相互遮挡时，采取多角度拍摄
35	K—35	小号侧通道		拍摄角度：平视 拍摄要求：能够清晰完整看到杆塔的通道情况，如建筑物、树木、交叉、跨越的线路等

续表

拍摄部位编号	悬停位置	拍摄部位	示　例	拍摄方法
36	K—36	大号侧通道		拍摄角度：平视 拍摄要求：能够清晰完整看到杆塔的通道情况，如建筑物、树木、交叉、跨越的线路等

（5）交流线路双回耐张塔。交流线路双回耐张塔无人机巡检路径规划图如图6-8所示。交流线路双回耐张塔无人机巡检拍摄规则见表6-9。

图6-8　交流线路双回耐张塔无人机巡检路径规划图

A—1　全塔；B—2　塔头；C—3　塔身；D—4　杆号牌；E—5　基础；F—6　左回下相小号侧绝缘子导线端挂点；F—7　左回下相小号侧绝缘子；F—8　左回下相小号侧绝缘子横担端挂点；F—9　左回下相大号侧绝缘子横担端挂点；F—10　左回下相大号侧绝缘子；F—11　左回下相大号侧绝缘子导线端挂点；G—12　左回中相小号侧绝缘子导线端挂点；G—13　左回中相小号侧绝缘子；G—14　左回中相小号侧绝缘子横担端挂点；G—15　左回中相大号侧绝缘子横担端挂点；G—16　左回中相大号侧绝缘子；G—17　左回中相大号侧绝缘子导线端挂点；H—18　左回上相小号侧绝缘子导线端挂点；H—19　左回上相小号侧绝缘子；H—20　左回上相小号侧绝缘子横担端挂点；H—21　左回上相大号侧绝缘子横担端挂点；H—22　左回上相大号侧绝缘子；H—23　左回上相大号侧绝缘子导线端挂点；I—24　左回地线挂点；J—25　右回地线挂点；K—26　右回上相小号侧绝缘子导线端挂点；K—27　右回上相小号侧绝缘子；K—28　右回上相小号侧绝缘子横担端挂点；K—29　右回上相小号侧跳线绝缘子横担端挂点；K—30　右回上相跳线绝缘子；K—31　右回上相跳线绝缘子导线端挂点；K—32　右回上相大号侧绝缘子横担端挂点；K—33　右回上相大号侧绝缘子；K—34　右回上相大号侧绝缘子导线端挂点；L—35　右回中相小号侧绝缘子导线端挂点；L—36　右回中相小号侧绝缘子；L—37　右回中相小号侧绝缘子横担端挂点；L—38　右回中相跳线绝缘子横担端挂点；L—39　右回中相跳线绝缘子；L—40　右回中相跳线绝缘子导线端挂点；L—41　右回中相大号侧绝缘子横担端挂点；L—42　右回中相大号侧绝缘子；L—43　右回中相大号侧绝缘子导线端挂点；M—44　右回下相小号侧绝缘子导线端挂点；M—45　右回下相小号侧绝缘子；M—46　右回下相小号侧绝缘子横担端挂点；M—47　右回下相跳线绝缘子横担端挂点；M—48　右回下相跳线绝缘子；M—49　右回下相大号侧绝缘子横担端挂点；M—50　右回下相大号侧绝缘子；M—51　右回下相大号侧绝缘子导线端挂点；N—52　小号侧通道；N—53　大号侧通道

表 6 - 9　　　　　　　交流线路双回耐张塔无人机巡检拍摄规则

拍摄部位编号	悬停位置	拍摄部位	示　例	拍摄方法
1	A—1	全塔		拍摄角度：俯视 拍摄要求：杆塔全貌，能够清晰分辨全塔和杆塔角度，主体占比不低于全幅 80%
2	B—2	塔头		拍摄角度：俯视 拍摄要求：能够完整杆塔塔头
3	C—3	塔身		拍摄角度：平视/俯视 拍摄要求：能够看到除塔头、基础外的其他结构全貌
4	D—4	杆号牌		拍摄角度：平视/俯视 拍摄要求：能够清晰分辨杆号牌上线路双重名称
5	E—5	基础		拍摄角度：俯视 拍摄要求：能够清晰看到基础附近地面情况
6	F—6	左回下相小号侧绝缘子导线端挂点		拍摄角度：平视/俯视 拍摄要求：能够清晰分辨螺栓、螺母、锁紧销等小尺寸金具及防振锤。设备相互遮挡时，采取多角度拍摄

续表

拍摄部位编号	悬停位置	拍摄部位	示 例	拍摄方法
7	F—7	左回下相小号侧绝缘子		拍摄角度：俯视 拍摄要求：需覆盖绝缘子整串，可拍多张照片，最终能够清晰分辨绝缘子表面损痕和每片绝缘子连接情况
8	F—8	左回下相小号侧绝缘子横担端挂点		拍摄角度：平视/俯视 拍摄要求：能够清晰分辨螺栓、螺母、锁紧销等小尺寸金具及防振锤。设备相互遮挡时，采取多角度拍摄
9	F—9	左回下相大号侧绝缘子横担端挂点		拍摄角度：平视/俯视 拍摄要求：能够清晰分辨螺栓、螺母、锁紧销等小尺寸金具及防振锤。设备相互遮挡时，采取多角度拍摄
10	F—10	左回下相大号侧绝缘子		拍摄角度：俯视 拍摄要求：需覆盖绝缘子整串，可拍多张照片，最终能够清晰分辨绝缘子表面损痕和每片绝缘子连接情况
11	F—11	左回下相大号侧绝缘子导线端挂点		拍摄角度：平视/俯视 拍摄要求：能够清晰分辨螺栓、螺母、锁紧销等小尺寸金具及防振锤。设备相互遮挡时，采取多角度拍摄
12	G—12	左回中相小号侧绝缘子导线端挂点		拍摄角度：平视/俯视 拍摄要求：能够清晰分辨螺栓、螺母、锁紧销等小尺寸金具及防振锤。设备相互遮挡时，采取多角度拍摄

续表

拍摄部位编号	悬停位置	拍摄部位	示　例	拍摄方法
13	G—13	左回中相小号侧绝缘子		拍摄角度：俯视 拍摄要求：需覆盖绝缘子整串，可拍多张照片，最终能够清晰分辨绝缘子表面损痕和每片绝缘子连接情况
14	G—14	左回中相小号侧绝缘子横担端挂点		拍摄角度：平视/俯视 拍摄要求：能够清晰分辨螺栓、螺母、锁紧销等小尺寸金具及防振锤。设备相互遮挡时，采取多角度拍摄
15	G—15	左回中相大号侧绝缘子横担端挂点		拍摄角度：平视/俯视 拍摄要求：能够清晰分辨螺栓、螺母、锁紧销等小尺寸金具及防振锤。金具相互遮挡时，采取多角度拍摄
16	G—16	左回中相大号侧绝缘子		拍摄角度：俯视 拍摄要求：需覆盖绝缘子整串，可拍多张照片，最终能够清晰分辨绝缘子表面损痕和每片绝缘子连接情况
17	G—17	左回中相大号侧绝缘子导线端挂点		拍摄角度：平视/俯视 拍摄要求：能够清晰分辨螺栓、螺母、锁紧销等小尺寸金具及防振锤。设备相互遮挡时，采取多角度拍摄
18	H—18	左回上相小号侧绝缘子导线端挂点		拍摄角度：平视/俯视 拍摄要求：能够清晰分辨螺栓、螺母、锁紧销等小尺寸金具及防振锤。金具相互遮挡时，采取多角度拍摄

续表

拍摄部位编号	悬停位置	拍摄部位	示　例	拍摄方法
19	H—19	左回上相小号侧绝缘子		拍摄角度：俯视 拍摄要求：需覆盖绝缘子整串，可拍多张照片，最终能够清晰分辨绝缘子表面损痕和每片绝缘子连接情况
20	H—20	左回上相小号侧绝缘子横担端挂点		拍摄角度：平视/俯视 拍摄要求：能够清晰分辨螺栓、螺母、锁紧销等小尺寸金具及防振锤。金具相互遮挡时，采取多角度拍摄
21	H—21	左回上相大号侧绝缘子横担端挂点		拍摄角度：平视/俯视 拍摄要求：能够清晰分辨螺栓、螺母、锁紧销等小尺寸金具及防振锤。金具相互遮挡时，采取多角度拍摄
22	H—22	左回上相大号侧绝缘子		拍摄角度：俯视 拍摄要求：需覆盖绝缘子整串，可拍多张照片，最终能够清晰分辨绝缘子表面损痕和每片绝缘子连接情况
23	H—23	左回上相大号侧绝缘子导线端挂点		拍摄角度：平视/俯视 拍摄要求：能够清晰分辨螺栓、螺母、锁紧销等小尺寸金具及防振锤。金具相互遮挡时，采取多角度拍摄
24	I—24	左回地线挂点		拍摄角度：平视/俯视 拍摄要求：能够清晰分辨金具的组合安装状况，与地线接触位置铝包带安装状态。设备相互遮挡时，采取多角度拍摄

续表

拍摄部位编号	悬停位置	拍摄部位	示　例	拍摄方法
25	J—25	右回地线挂点		拍摄角度：平视/俯视 拍摄要求：能够清晰分辨金具的组合安装状况，与地线接触位置铝包带安装状态。设备相互遮挡时，采取多角度拍摄
26	K—26	右回上相小号侧绝缘子导线端挂点		拍摄角度：平视/俯视 拍摄要求：能够清晰分辨螺栓、螺母、锁紧销等小尺寸金具及防振锤。金具相互遮挡时，采取多角度拍摄
27	K—27	右回上相小号侧绝缘子		拍摄角度：俯视 拍摄要求：需覆盖绝缘子整串，可拍多张照片，最终能够清晰分辨绝缘子表面损痕和每片绝缘子连接情况
28	K—28	右回上相小号侧绝缘子横担端挂点		拍摄角度：平视/俯视 拍摄要求：能够清晰分辨螺栓、螺母、锁紧销等小尺寸金具及防振锤。金具相互遮挡时，采取多角度拍摄
29	K—29	右回上相小号侧跳线绝缘子横担端挂点		拍摄角度：平视/俯视 拍摄要求：采用平拍方式针对销钉穿向，拍摄上挂点连接金具；采用俯拍方式拍摄挂点上方螺栓及销钉情况
30	K—30	右回上相跳线绝缘子		拍摄角度：平视 拍摄要求：拍摄出绝缘子的全貌，应能够清晰识别每一片伞裙

拍摄部位编号	悬停位置	拍摄部位	示　例	拍摄方法
31	K—31	右回上相跳线绝缘子导线端挂点		拍摄角度：杆塔右回上相跳线绝缘子外侧适当距离处 拍摄要求：分别于导线金具的小号侧与大号侧拍摄照片两张，每张照片应包括从绝缘子末端碗头至重锤片的全景，且金具部分应占照片50%空间以上
32	K—32	右回上相大号侧绝缘子横担端挂点		拍摄角度：平视/俯视 拍摄要求：能够清晰分辨螺栓、螺母、锁紧销等小尺寸金具及防振锤。金具相互遮挡时，采取多角度拍摄
33	K—33	右回上相大号侧绝缘子		拍摄角度：俯视 拍摄要求：需覆盖绝缘子整串，可拍多张照片，最终能够清晰分辨绝缘子表面损痕和每片绝缘子连接情况
34	K—34	右回上相大号侧绝缘子导线端挂点		拍摄角度：平视/俯视 拍摄要求：能够清晰分辨螺栓、螺母、锁紧销等小尺寸金具及防振锤。金具相互遮挡时，采取多角度拍摄
35	L—35	右回中相小号侧绝缘子导线端挂点		拍摄角度：平视/俯视 拍摄要求：能够清晰分辨螺栓、螺母、锁紧销等小尺寸金具及防振锤。金具相互遮挡时，采取多角度拍摄
36	L—36	右回中相小号侧绝缘子		拍摄角度：俯视 拍摄要求：需覆盖绝缘子整串，可拍多张照片，最终能够清晰分辨绝缘子表面损痕和每片绝缘子连接情况

拍摄部位编号	悬停位置	拍摄部位	示　例	拍摄方法
37	L—37	右回中相小号侧绝缘子横担端挂点		拍摄角度：平视/俯视 拍摄要求：能够清晰分辨螺栓、螺母、锁紧销等小尺寸金具及防振锤。金具相互遮挡时，采取多角度拍摄
38	L—38	右回中相跳线绝缘子横担端挂点		拍摄角度：平视/俯视 拍摄要求：采用平拍方式针对销钉穿向，拍摄上挂点连接金具；采用俯拍方式拍摄挂点上方螺栓及销钉情况
39	L—39	右回中相跳线绝缘子		拍摄角度：平视 拍摄要求：拍摄出绝缘子的全貌，应能够清晰识别每一片伞裙
40	L—40	右回中相跳线绝缘子导线端挂点		拍摄角度：平视 拍摄要求：分别于导线金具的小号侧与大号侧拍摄照片两张，每张照片应包括从绝缘子末端碗头至重锤片的全景，且金具部分应占照片50％空间以上
41	L—41	右回中相大号侧绝缘子横担端挂点		拍摄角度：平视/俯视 拍摄要求：能够清晰分辨螺栓、螺母、锁紧销等小尺寸金具及防振锤。金具相互遮挡时，采取多角度拍摄
42	L—42	右回中相大号侧绝缘子		拍摄角度：俯视 拍摄要求：需覆盖绝缘子整串，可拍多张照片，最终能够清晰分辨绝缘子表面损痕和每片绝缘子连接情况

拍摄部位编号	悬停位置	拍摄部位	示 例	拍摄方法
43	L—43	右回中相大号侧绝缘子导线端挂点		拍摄角度：平视/俯视 拍摄要求：能够清晰分辨螺栓、螺母、锁紧销等小尺寸金具及防振锤。金具相互遮挡时，采取多角度拍摄
44	M—44	右回下相小号侧绝缘子导线端挂点		拍摄角度：平视/俯视 拍摄要求：能够清晰分辨螺栓、螺母、锁紧销等小尺寸金具及防振锤。金具相互遮挡时，采取多角度拍摄
45	M—45	右回下相小号侧绝缘子		拍摄角度：俯视 拍摄要求：需覆盖绝缘子整串，可拍多张照片，最终能够清晰分辨绝缘子表面损痕和每片绝缘子连接情况
46	M—46	右回下相小号侧绝缘子横担端挂点		拍摄角度：平视/俯视 拍摄要求：能够清晰分辨螺栓、螺母、锁紧销等小尺寸金具及防振锤。金具相互遮挡时，采取多角度拍摄
47	M—47	右回下相跳线绝缘子横担端挂点		拍摄角度：平视/俯视 拍摄要求：采用平拍方式针对销钉穿向，拍摄上挂点连接金具；采用俯拍方式拍摄挂点上方螺栓及销钉情况
48	M—48	右回下相跳线绝缘子		拍摄角度：平视 拍摄要求：拍摄出绝缘子的全貌，应能够清晰识别每一片伞裙

147

续表

拍摄部位编号	悬停位置	拍摄部位	示　例	拍摄方法
49	M—49	右回下相大号侧绝缘子横担端挂点		拍摄角度：平视/俯视 拍摄要求：能够清晰分辨螺栓、螺母、锁紧销等小尺寸金具及防振锤。金具相互遮挡时，采取多角度拍摄
50	M—50	右回下相大号侧绝缘子		拍摄角度：俯视 拍摄要求：需覆盖绝缘子整串，可拍多张照片，最终能够清晰分辨绝缘子表面损痕和每片绝缘子连接情况
51	M—51	右回下相大号侧绝缘子导线端挂点		拍摄角度：平视/俯视 拍摄要求：能够清晰分辨螺栓、螺母、锁紧销等小尺寸金具及防振锤。金具相互遮挡时，采取多角度拍摄
52	N—52	小号侧通道		能够清晰完整看到杆塔的通道情况，如建筑物、树木、交叉、跨越等线路等
53	N—53	大号侧通道		能够清晰完整看到杆塔的通道情况，如建筑物、树木、交叉、跨越等线路等

　　（6）交流线路换位塔。交流线路单回耐张转角换位塔无人机巡检路径规划图如图 6-9 所示。交流线路单回耐张转角换位塔无人机巡检拍摄规则见表 6-10。

图 6-9　交流线路单回耐张转角换位塔无人机巡检路径规划图

A—1　全塔；B—2　塔头；C—3　通道；D—4　杆号牌；E—5　基础；F—6　右侧小号侧架空地线挂点；G—7　右侧大号侧架空地线挂点；H—8　中相小号侧导线侧挂点；I—9　中相小号侧横担侧挂点；J—10　右侧小号侧导线侧挂点；K—11　右相小号侧横担侧挂点；L—12　右侧引流线横担侧挂点；M—13　右侧引流线导线侧挂点；N—14　右相大号侧导线侧挂点；O—15　右相大号侧横担侧挂点；P—16　中相大号侧导线侧挂点；Q—17　中相大号侧横担侧挂点；R—18　左侧小号侧架空地线挂点；S—19　左侧大号侧架空地线挂点；T—20　中相小号侧引流线横担侧挂点；U—21　中相小号侧引流线导线侧挂点；V—22　中相大号侧引流线横担侧挂点；W—23　中相大号侧引流线导线侧挂点；X—24　左相小号侧导线侧挂点；Y—25　左相小号侧横担侧挂点；Z—26　左相大号侧导线侧挂点；a—27　左相大号侧横担侧挂点

表 6-10　　　　　　　　交流线路单回耐张转角换位塔无人机巡检拍摄规则

拍摄部位编号	悬停位置	拍摄部位	示　例	拍摄方法
1	A—1	全塔		拍摄角度：平视/俯视 拍摄要求：杆塔全貌，能够清晰分辨全塔和杆塔角度，主体占比不低于全幅80%
2	B—2	塔头		拍摄角度：平视/俯视 拍摄要求：能够看到完整杆塔塔头

续表

拍摄部位编号	悬停位置	拍摄部位	示　例	拍摄方法
3	C—3	通道		拍摄角度：平视/俯视 拍摄要求：能够看到当前塔与下一基杆塔通道全貌
4	D—4	杆号牌		拍摄角度：平视/俯视 拍摄要求：能够清晰分辨杆号牌上线路双重名称
5	E—5	基础		拍摄角度：俯视 拍摄要求：能够清晰看到基础附近地面情况
6	F—6	右侧小号侧架空地线挂点		拍摄角度：平视/俯视 拍摄要求：能够清晰分辨金具的组合安装状况，与地线接触位置铝包带安装状态。设备相互遮挡时，采取多角度拍摄
7	G—7	右侧大号侧架空地线挂点		拍摄角度：平视/俯视 拍摄要求：能够清晰分辨金具的组合安装状况，与地线接触位置铝包带安装状态。设备相互遮挡时，采取多角度拍摄

续表

拍摄部位编号	悬停位置	拍摄部位	示 例	拍摄方法
8	H—8	中相小号侧导线侧挂点		拍摄角度：平视/俯视/仰视 拍摄要求：能够清晰分辨螺栓、螺母、锁紧销等小尺寸金具及防振锤。金具相互遮挡时，采取多角度拍摄
9	I—9	中相小号侧横担侧挂点		拍摄角度：平视/俯视 拍摄要求：能够清晰分辨螺栓、螺母、锁紧销等小尺寸金具及防振锤。金具相互遮挡时，采取多角度拍摄
10	J—10	右相小号侧导线侧挂点		拍摄角度：平视/俯视/仰视 拍摄要求：能够清晰分辨螺栓、螺母、锁紧销等小尺寸金具及防振锤。金具相互遮挡时，采取多角度拍摄
11	K—11	右相小号侧横担侧挂点		拍摄角度：平视/俯视 拍摄要求：能够清晰分辨螺栓、螺母、锁紧销等小尺寸金具及防振锤。金具相互遮挡时，采取多角度拍摄
12	L—12	右相引流线横担侧挂点		拍摄角度：平视/俯视 拍摄要求：能够清晰分辨螺栓、螺母、锁紧销等小尺寸金具及防振锤。金具相互遮挡时，采取多角度拍摄

续表

拍摄部位编号	悬停位置	拍摄部位	示　例	拍摄方法
13	M—13	右相引流线导线侧挂点		拍摄角度：平视/俯视 拍摄要求：能够清晰分辨螺栓、螺母、锁紧销等小尺寸金具及防振锤。金具相互遮挡时，采取多角度拍摄
14	N—14	右相大号侧导线侧挂点		拍摄角度：平视/俯视 拍摄要求：能够清晰分辨螺栓、螺母、锁紧销等小尺寸金具及防振锤。金具相互遮挡时，采取多角度拍摄
15	O—15	右相大号侧横担侧挂点		拍摄角度：平视/俯视 拍摄要求：能够清晰分辨螺栓、螺母、锁紧销等小尺寸金具及防振锤。金具相互遮挡时，采取多角度拍摄
16	P—16	中相大号侧导线侧挂点		拍摄角度：平视/俯视/仰视 拍摄要求：能够清晰分辨螺栓、螺母、锁紧销等小尺寸金具及防振锤。金具相互遮挡时，采取多角度拍摄
17	Q—17	中相大号侧横担侧挂点		拍摄角度：平视/俯视/仰视 拍摄要求：能够清晰分辨螺栓、螺母、锁紧销等小尺寸金具及防振锤。金具相互遮挡时，采取多角度拍摄

续表

拍摄部位编号	悬停位置	拍摄部位	示　例	拍摄方法
18	R—18	左侧小号侧架空地线挂点		拍摄角度：平视/俯视 拍摄要求：能够清晰分辨金具的组合安装状况，与地线接触位置铝包带安装状态。设备相互遮挡时，采取多角度拍摄
19	S—19	左侧大号侧架空地线挂点		拍摄角度：平视/俯视 拍摄要求：能够清晰分辨金具的组合安装状况，与地线接触位置铝包带安装状态。设备相互遮挡时，采取多角度拍摄
20	T—20	中相小号侧引流线横担侧挂点		拍摄角度：平视/俯视 拍摄要求：能够清晰分辨螺栓、螺母、锁紧销等小尺寸金具及防振锤。金具相互遮挡时，采取多角度拍摄
21	U—21	中相小号侧引流线导线侧挂点		拍摄角度：平视/俯视 拍摄要求：能够清晰分辨螺栓、螺母、锁紧销等小尺寸金具及防振锤。金具相互遮挡时，采取多角度拍摄
22	V—22	中相大号侧引流线横担侧挂点		拍摄角度：平视/俯视 拍摄要求：能够清晰分辨螺栓、螺母、锁紧销等小尺寸金具及防振锤。金具相互遮挡时，采取多角度拍摄

续表

拍摄部位编号	悬停位置	拍摄部位	示例	拍摄方法
23	W—23	中相大号侧引流线导线侧挂点		拍摄角度：平视/俯视 拍摄要求：能够清晰分辨螺栓、螺母、锁紧销等小尺寸金具及防振锤。金具相互遮挡时，采取多角度拍摄
24	X—24	左相小号侧导线侧挂点		拍摄角度：平视/俯视 拍摄要求：能够清晰分辨螺栓、螺母、锁紧销等小尺寸金具及防振锤。金具相互遮挡时，采取多角度拍摄
25	Y—25	左相小号侧横担侧挂点		拍摄角度：平视/俯视 拍摄要求：能够清晰分辨螺栓、螺母、锁紧销等小尺寸金具及防振锤。金具相互遮挡时，采取多角度拍摄
26	Z—26	左相大号侧导线侧挂点		拍摄角度：平视/俯视 拍摄要求：能够清晰分辨螺栓、螺母、锁紧销等小尺寸金具及防振锤。金具相互遮挡时，采取多角度拍摄
27	a—27	左相大号侧横担侧挂点		拍摄角度：平视/俯视 拍摄要求：能够清晰分辨螺栓、螺母、锁紧销等小尺寸金具及防振锤。金具相互遮挡时，采取多角度拍摄

（7）交流线路紧凑型塔。交流线路紧凑型塔无人机巡检路径规划图如图 6-10 所示。交流线路紧凑型塔无人机巡检拍摄规则见表 6-11。

图 6-10   交流线路紧凑型塔无人机巡检路径规划图

A—1　全塔；B—2　塔头；C—3　杆号牌；D—4　基础；E—5　左侧地线挂点；E—6　左侧地线小号侧防振锤；

E—7　左侧地线大号侧防振锤；F—8　右侧光缆挂点；G—9　右相横担外侧挂点；G—10　右相横担内侧挂点；

G—11　右相绝缘子串（V串）；G—12　右相导线侧挂点；H—13　左相横担外侧挂点；H—14　左相横担

内侧挂点；H—15　左相绝缘子串（V串）；H—16　左相导线侧挂点；I—17　中相横担左侧挂点；

J—18　中相横担右侧挂点；J—19　中相绝缘子串（V串）；K—20　中相导线侧挂点

表 6-11   交流线路紧凑型塔无人机巡检拍摄规则

拍摄 部位 编号	悬停位置	拍摄部位	示　例	拍摄方法
1	A—1	全塔		拍摄角度：平视/俯视 拍摄要求：杆塔全貌，能够清晰分辨全塔和杆塔角度，主体占比不低于全幅80%
2	B—2	塔头		拍摄角度：平视/俯视 拍摄要求：能够看到完整杆塔塔头

续表

拍摄 部位 编号	悬停位置	拍摄部位	示　例	拍摄方法
3	C—3	杆号牌		拍摄角度：平视/俯视 拍摄要求：能够清晰分辨杆号牌上线路双重名称
4	D—4	基础		拍摄角度：俯视 拍摄要求：能够清晰看到基础附近地面情况
5	E—5	左侧地线挂点		拍摄角度：平视/俯视 拍摄要求：能够清晰分辨金具的组合安装状况，与地线接触位置铝包带安装状态。设备相互遮挡时，采取多角度拍摄
6	E—6	左侧地线小号 侧防振锤		拍摄角度：平视/俯视 拍摄要求：能够清晰分辨防振锤的安装状况
7	E—7	左侧地线大号 侧防振锤		拍摄角度：平视/俯视 拍摄要求：能够清晰分辨防振锤的安装状况
8	F—8	右侧光缆挂点		拍摄角度：平视/俯视 拍摄要求：能够清晰分辨金具组合安装状况，与地线接触位置铝包带安装状态，悬式绝缘子连接状况。设备相互遮挡时，采取多角度拍摄

续表

拍摄部位编号	悬停位置	拍摄部位	示　例	拍摄方法
9	G—9	右相横担外侧挂点		拍摄角度：平视 拍摄要求：能够清晰分辨螺栓、螺母、锁紧销等小尺寸金具。金具相互遮挡时，采取多角度拍摄
10	G—10	右相横担内侧挂点		拍摄角度：平视 拍摄要求：能够清晰分辨螺栓、螺母、锁紧销等小尺寸金具。金具相互遮挡时，采取多角度拍摄
11	G—11	右相绝缘子串（V串）		拍摄角度：平视 拍摄要求：需覆盖绝缘子整串，可拍多张照片，最终能够清晰分辨绝缘子表面损痕和每片绝缘子连接情况
12	G—12	右相导线侧挂点		拍摄角度：平视/俯视 拍摄要求：能够清晰分辨螺栓、螺母、锁紧销等小尺寸金具及防振锤。金具相互遮挡时，采取多角度拍摄
13	H—13	左相横担外侧挂点		拍摄角度：平视 拍摄要求：能够清晰分辨螺栓、螺母、锁紧销等小尺寸金具。金具相互遮挡时，采取多角度拍摄
14	H—14	左相横担内侧挂点		拍摄角度：平视 拍摄要求：能够清晰分辨螺栓、螺母、锁紧销等小尺寸金具。金具相互遮挡时，采取多角度拍摄

续表

拍摄部位编号	悬停位置	拍摄部位	示 例	拍摄方法
15	H—15	左相绝缘子串（V串）		拍摄角度：平视 拍摄要求：需覆盖绝缘子整串，可拍多张照片，最终能够清晰分辨绝缘子表面损痕和每片绝缘子连接情况
16	H—16	左相导线侧挂点		拍摄角度：平视/俯视 拍摄要求：能够清晰分辨螺栓、螺母、锁紧销等小尺寸金具及防振锤。金具相互遮挡时，采取多角度拍摄
17	I—17	中相横担左侧挂点		拍摄角度：平视 拍摄要求：能够清晰分辨螺栓、螺母、锁紧销等小尺寸金具。金具相互遮挡时，采取多角度拍摄
18	J—18	中相横担右侧挂点		拍摄角度：平视 拍摄要求：能够清晰分辨螺栓、螺母、锁紧销等小尺寸金具。金具相互遮挡时，采取多角度拍摄
19	J—19	中相绝缘子串（V串）		拍摄角度：平视/俯视 拍摄要求：需覆盖绝缘子整串，可拍多张照片，最终能够清晰分辨绝缘子表面损痕和每片绝缘子连接情况
20	K—20	中相导线侧挂点		拍摄角度：俯视 拍摄要求：能够清晰分辨螺栓、螺母、锁紧销等小尺寸金具及防振锤。金具相互遮挡时，采取多角度拍摄

（8）交流线路拉线塔。交流线路拉线塔无人机巡检路径规划图如图6-11所示。交流线路拉线塔无人机巡检拍摄规则见表6-12。

图 6-11　交流线路拉线塔无人机巡检路径规划图

A—1　全塔；B—2　塔头；C—3　塔身；D—4　杆号牌；E—5　基础；F—6　左相导线端挂点；G—7　左相绝缘子；H—8　左相横担端挂点；I—9　左地线挂点；J—10　A、B拉线横担端挂点；K—11　中相绝缘子左串绝缘子横担端挂点；L—12　中相绝缘子左串绝缘子整串；M—13　中相绝缘子左串绝缘子导线端挂点；N—14　中相绝缘子右串绝缘子整串；O—15　中相绝缘子右串绝缘子横担端挂点；P—16　C、D拉线横担端挂点；Q—17　右地线挂点；R—18　右相绝缘子横担端挂点；S—19　右相绝缘子；T—20　右相绝缘子导线端挂点；X—21　小号侧通道；Y—22　大号侧通道

表 6-12　　　　　　　　　　交流线路拉线塔无人机巡检拍摄规则

拍摄部位编号	悬停位置	拍摄部位	示　例	拍摄方法
1	A—1	全塔		拍摄角度：左后方45°俯视 拍摄要求：杆塔全貌，能够清晰分辨全塔和杆塔角度，主体占比不低于全幅80%
2	B—2	塔头		拍摄角度：左后方45°平视 拍摄要求：能够看到完整杆塔塔头、绝缘子串数量、鸟刺分布情况

续表

拍摄部位编号	悬停位置	拍摄部位	示　例	拍摄方法
3	C—3	塔身		拍摄角度：左后方 45°平视 拍摄要求：能够看到除塔头外的其他结构全貌包括拉线根数、基础类型
4	D—4	杆号牌		拍摄角度：平视 拍摄要求：能够清晰分辨杆号牌上线路双重名称
5	E—5	基础		拍摄角度：左后方 45°平视 拍摄要求：能够清晰看到基础形式及附近地面情况、拉线分布情况
6	F—6	左相导线端挂点		拍摄角度：大号侧斜 45°平视/俯视 拍摄要求：能够清晰分辨螺栓、螺母、锁紧销、均压屏蔽环及线夹处有无裂纹、分裂根数、间隔棒有无裂纹等。金具相互遮挡时，采取多角度拍摄
7	G—7	左相绝缘子		拍摄角度：平视/俯视 拍摄要求：需覆盖绝缘子整串，可拍多张照片，最终能够清晰分辨绝缘子表面损痕和每片绝缘子连接情况

拍摄部位编号	悬停位置	拍摄部位	示　例	拍摄方法
8	H—8	左相横担端挂点		拍摄角度：大号侧斜 45°平视/仰视 拍摄要求：能够清晰分辨螺栓、螺母、锁紧销、横担侧鸟刺分布情况，横担侧塔材有无丢失、屏蔽环有无破损及相应金具大小尺寸。金具相互遮挡时，采取多角度拍摄
9	I—9	左地线挂点		拍摄角度：大号侧斜 45°平视/仰视 拍摄要求：能够清晰分辨螺栓、螺母、锁紧销、横担侧鸟刺分布情况，横担侧塔材有无丢失及相应金具大小尺寸。金具相互遮挡时，采取多角度拍摄
10	J—10	A、B拉线横担端挂点		拍摄角度：大号侧斜 45°仰视 拍摄要求：可以准确反映 A、B 两根拉线横担侧连接情况，能够清晰分辨螺栓、螺母、锁紧销、拉线上把等小尺寸金具。金具相互遮挡时，采取多角度拍摄
11	K—11	中相绝缘子左串绝缘子横担端挂点		拍摄角度：大号侧斜 45°仰视 拍摄要求：能够清晰分辨螺栓、螺母、锁紧销等小尺寸金具。金具相互遮挡时，采取多角度拍摄
12	L—12	中相绝缘子左串绝缘子整串		拍摄角度：平视与绝缘子平行 拍摄要求：需覆盖绝缘子整串，可拍多张照片，最终能够清晰分辨绝缘子表面损痕和每片绝缘子连接情况

续表

拍摄部位编号	悬停位置	拍摄部位	示　例	拍摄方法
13	M—13	中相绝缘子左串绝缘子导线端挂点		拍摄角度：大号侧斜 45°平视/俯视 拍摄要求：能够清晰分辨螺栓、螺母、锁紧销、均压屏蔽环以及线夹处有无裂纹、分裂根数、间隔棒有无裂纹等。金具相互遮挡时，采取多角度拍摄
14	N—14	中相绝缘子右串绝缘子整串		拍摄角度：平视/俯视 拍摄要求：需覆盖绝缘子整串，可拍多张照片，最终能够清晰分辨绝缘子表面损痕和每片绝缘子连接情况
15	O—15	中相绝缘子右串绝缘子横担端挂点		拍摄角度：大号侧斜 45°仰视 拍摄要求：能够清晰分辨螺栓、螺母、锁紧销等小尺寸金具。金具相互遮挡时，采取多角度拍摄
16	P—16	C、D 拉线横担端挂点		拍摄角度：大号侧斜 45°平视 拍摄要求：能够清晰分辨螺栓、螺母、锁紧销等小尺寸金具及防振锤。金具相互遮挡时，采取多角度拍摄
17	Q—17	右地线挂点		拍摄角度：大号侧斜 45°平视/仰视 拍摄要求：能够清晰分辨螺栓、螺母、锁紧销等小尺寸金具。金具相互遮挡时，采取多角度拍摄

续表

拍摄部位编号	悬停位置	拍摄部位	示　例	拍摄方法
18	R—18	右相绝缘子横担端挂点		拍摄角度：大号侧斜45°平视/仰视 拍摄要求：能够清晰分辨螺栓、螺母、锁紧销等小尺寸金具。金具相互遮挡时，采取多角度拍摄
19	S—19	右相绝缘子		拍摄角度：平视/俯视 拍摄要求：需覆盖绝缘子整串，可拍多张照片，最终能够清晰分辨绝缘子表面损痕和每片绝缘子连接情况
20	T—20	右相绝缘子导线端挂点		拍摄角度：大号侧斜45°平视/俯视 拍摄要求：能够清晰分辨螺栓、螺母、锁紧销、均压屏蔽环以及线夹处有无裂纹、分裂根数、间隔棒有无裂纹等。金具相互遮挡时，采取多角度拍摄
21	X—21	小号侧通道		拍摄角度：平视 拍摄要求：本基塔左相整串绝缘子及上一基全塔可分辨塔型，通道内应清楚反映有无大型施工车辆或外破隐患点
22	Y—22	大号侧通道		拍摄角度：平视 拍摄要求：本基塔左相整串绝缘子及下一基全塔可分辨塔型，通道内应清楚反映有无大型施工车辆或外破隐患点

（9）直流线路单回直线塔。直流线路单回直线塔无人机巡检路径规划图如图6-12所示。直流线路单回直线塔无人机巡检拍摄规则见表6-13。

图 6－12　直流线路单回直线塔无人机巡检路径规划图

A—1　全塔；B—2　塔头；C—3　塔身；D—4　杆号牌；E—5　基础；F—6　极Ⅰ线地线挂线点；G—7　极Ⅰ线绝缘子串右串横担侧挂点；G—8　极Ⅰ线绝缘子串右串；H—9　极Ⅰ线绝缘子串右串导线侧挂点；H—10　极Ⅰ相左串绝缘子整串；I—11　极Ⅰ线绝缘子串左串横担侧挂点；I—12　极Ⅱ相右串绝缘子横担端挂点；I—13　极Ⅱ相右串绝缘子；J—14　极Ⅱ相左串绝缘子导线端挂点；J—15　极Ⅱ相左串绝缘子；K—16　极Ⅱ相绝缘子横担端挂点；L—17　极Ⅱ线地线挂点；M—18　小号侧通道；N—19　大号侧通道

表 6－13　　　　　　　　　直流线路单回直线塔无人机巡检拍摄规则

拍摄部位编号	悬停位置	拍摄部位	示　例	拍摄方法
1	A—1	全塔		拍摄角度：左后方45°俯视 拍摄要求：杆塔全貌，能够清晰分辨全塔和杆塔角度，主体占比不低于全幅80％
2	B—2	塔头		拍摄角度：左后方45°平视 拍摄要求：能够完整看到杆塔塔头、绝缘子串数量、鸟刺分布情况

拍摄部位编号	悬停位置	拍摄部位	示　例	拍摄方法
3	C—3	塔身		拍摄角度：左后方45°平视/俯视 拍摄要求：能够看到除塔头外的其他结构全貌包括绝缘子、基础类型
4	D—4	杆号牌		拍摄角度：平视 拍摄要求：能够清晰分辨杆号牌上线路双重名称
5	E—5	基础		拍摄角度：左后方45°平视/俯视 拍摄要求：能够清晰看到基础形式及附近地面情况
6	F—6	极Ⅰ线地线挂线点		拍摄角度：平视 拍摄要求：能够清晰分辨螺栓、螺母、锁紧销、均压屏蔽环等小尺寸金具。金具相互遮挡时，采取多角度拍摄
7	G—7	极Ⅰ线绝缘子串右串横担侧挂点		拍摄角度：平视/俯视 拍摄要求：能够清晰分辨螺栓、螺母、锁紧销等小尺寸金具。金具相互遮挡时，采取多角度拍摄

拍摄部位编号	悬停位置	拍摄部位	示　例	拍摄方法
8	G—8	极Ⅰ线绝缘子串右串		拍摄角度：俯视 拍摄要求：需覆盖绝缘子整串，可拍多张照片，最终能够清晰分辨绝缘子表面损痕和每片绝缘子连接情况
9	H—9	极Ⅰ线绝缘子串右串导线侧挂点		拍摄角度：大号侧斜45°平视/俯视 拍摄要求：能够清晰分辨螺栓、螺母、锁紧销、线夹有无裂纹等小尺寸金具。金具相互遮挡时，采取多角度拍摄
10	H—10	极Ⅰ相左串绝缘子整串		拍摄角度：平视/俯视 拍摄要求：需覆盖绝缘子整串，可拍多张照片，最终能够清晰分辨绝缘子表面损痕和每片绝缘子连接情况
11	I—11	极Ⅰ线绝缘子串左串横担侧挂点		拍摄角度：俯视 拍摄要求：能够清晰分辨螺栓、螺母、锁紧销等小尺寸金具。金具相互遮挡时，采取多角度拍摄
12	I—12	极Ⅱ相右串绝缘子横担端挂点		拍摄角度：平视/仰视 拍摄要求：能够清晰分辨螺栓、螺母、锁紧销、均压屏蔽环等小尺寸金具。金具相互遮挡时，采取多角度拍摄

续表

拍摄部位编号	悬停位置	拍摄部位	示例	拍摄方法
13	I—13	极Ⅱ相右串绝缘子		拍摄角度：平视/俯视 拍摄要求：需覆盖绝缘子整串，可拍多张照片，最终能够清晰分辨绝缘子表面损痕和每片绝缘子连接情况
14	J—14	极Ⅱ相左串绝缘子导线端挂点		拍摄角度：大号侧斜45°平视/俯视 拍摄要求：能够清晰分辨螺栓、螺母、锁紧销、线夹有无裂纹等小尺寸金具。金具相互遮挡时，采取多角度拍摄
15	J—15	极Ⅱ相左串绝缘子		拍摄角度：平视与绝缘子平行 拍摄要求：需覆盖绝缘子整串，可拍多张照片，最终能够清晰分辨绝缘子表面损痕和每片绝缘子连接情况
16	K—16	极Ⅱ相绝缘子横担端挂点		拍摄角度：平视/仰视 拍摄要求：能够清晰分辨螺栓、螺母、锁紧销情况，横担侧塔材有无丢失、屏蔽环有无破损及相应金具大小尺寸。金具相互遮挡时，采取多角度拍摄
17	L—17	极Ⅱ线地线挂点		拍摄角度：平视 拍摄要求：能够清晰分辨螺栓、螺母、锁紧销大小尺寸金具。金具相互遮挡时，采取多角度拍摄

续表

拍摄 部位 编号	悬停位置	拍摄部位	示 例	拍摄方法
18	M—18	小号侧通道		拍摄角度：平视 拍摄要求：本基塔左相整串绝缘子及上一基全塔可分辨塔型，通道内应清楚反映有无大型施工车辆或外破隐患点
19	N—19	大号侧通道		拍摄角度：平视 拍摄要求：本基塔左相整串绝缘子及下一基全塔可分辨塔型，通道内应清楚反映有无大型施工车辆或外破隐患点

（10）直流线路单回耐张塔。直流线路单回耐张塔无人机巡检路径规划图如图 6-13 所示。直流线路单回耐张塔无人机巡检拍摄规则见表 6-14。

图 6-13 直流线路单回耐张塔无人机巡检路径规划图

A—1 全塔；B—2 塔头；C—3 塔身；D—4 杆号牌；E—5 基础；F—6 左极小号侧绝缘子导线端挂点；F—7 左极小号侧绝缘子；F—8 左极小号侧绝缘子横担端挂点；G—9 左极小号侧跳线串横担端挂点；G—10 左极小号侧跳线绝缘子；G—11 左极小号侧跳线串导线端挂点；G—12 左极大号侧跳线串导线端挂点；G—13 左极大号侧跳线绝缘子；G—14 左极大号侧跳线串横担端挂点；H—15 左极大号侧绝缘子横担端挂点；H—16 左极大号侧绝缘子；H—17 左极大号侧绝缘子导线端挂点；I—18 左回地线小号侧挂点；J—19 左回地线大号侧挂点；J—20 右回地线小号侧挂点；J—21 右回地线大号侧挂点；K—22 右极小号侧绝缘子导线端挂点；K—23 右极小号侧绝缘子；K—24 右极小号侧绝缘子横担端挂点；L—25 右极小号侧跳线串横担端挂点；L—26 右极小号侧跳线绝缘子；L—27 右极小号侧跳线串导线端挂点；L—28 右极大号侧跳线串导线端挂点；L—29 右极大号侧跳线绝缘子；L—30 右极大号侧跳线串横担端挂点；M—31 右极大号侧横担端挂点；M—32 右极大号侧绝缘子；M—33 右极大号侧导线端挂点；N—34 小号侧通道；N—35 大号侧通道

表 6 - 14　　　　　　　　　　直流线路单回耐张塔无人机巡检拍摄规则

拍摄部位编号	悬停位置	拍摄部位	示　例	拍摄方法
1	A—1	全塔		拍摄角度：平视/俯视 拍摄要求：能看到杆塔全貌，能够清晰分辨全塔和杆塔角度，主体占比不低于全幅80%
2	B—2	塔头		拍摄角度：平视/俯视 拍摄要求：能够完整看到杆塔塔头
3	C—3	塔身		拍摄角度：平视/俯视 拍摄要求：能够看到除塔头、基础外的其他结构全貌
4	D—4	杆号牌		拍摄角度：平视/俯视 拍摄要求：能够清晰分辨杆号牌上线路双重名称
5	E—5	基础		拍摄角度：俯视 拍摄要求：能够清晰看到基础附近地面情况

拍摄部位编号	悬停位置	拍摄部位	示　例	拍摄方法
6	F—6	左极小号侧绝缘子导线端挂点		拍摄角度：平视/俯视 拍摄要求：能够清晰分辨螺栓、螺母、锁紧销等小尺寸金具及防振锤。金具相互遮挡时，采取多角度拍摄
7	F—7	左极小号侧绝缘子		拍摄角度：俯视 拍摄要求：需覆盖绝缘子整串，可拍多张照片，最终能够清晰分辨绝缘子表面损痕和每片绝缘子连接情况
8	F—8	左极小号侧绝缘子横担端挂点		拍摄角度：平视/俯视 拍摄要求：能够清晰分辨螺栓、螺母、锁紧销等小尺寸金具及防振锤。金具相互遮挡时，采取多角度拍摄
9	G—9	左极小号侧跳线串横担端挂点		拍摄角度：平视/俯视 拍摄要求：采用平拍方式针对销钉穿向，拍摄上挂点连接金具；采用俯拍方式拍摄挂点上方螺栓及销钉情况
10	G—10	左极小号侧跳线绝缘子		拍摄角度：平视 拍摄要求：拍摄出绝缘子的全貌，应能够清晰识别每片伞裙

续表

拍摄部位编号	悬停位置	拍摄部位	示　例	拍摄方法
11	G—11	左极小号侧跳线串导线端挂点		拍摄角度：平视 拍摄要求：照片应包括从绝缘子末端碗头至重锤片的全景
12	G—12	左极大号侧跳线串导线端挂点		拍摄角度：平视 拍摄要求：照片应包括从绝缘子末端碗头至重锤片的全景
13	G—13	左极大号侧跳线绝缘子		拍摄角度：平视 拍摄要求：拍摄出绝缘子的全貌，应能够清晰识别每片伞裙
14	G—14	左极大号侧跳线串横担端挂点		拍摄角度：平视/俯视 拍摄要求：采用平拍方式针对销钉穿向，拍摄上挂点连接金具；采用俯拍方式拍摄挂点上方螺栓及销钉情况
15	H—15	左极大号侧绝缘子横担端挂点		拍摄角度：平视/俯视 拍摄要求：能够清晰分辨螺栓、螺母、锁紧销等小尺寸金具及防振锤。金具相互遮挡时，采取多角度拍摄

拍摄部位编号	悬停位置	拍摄部位	示　例	拍摄方法
16	H—16	左极大号侧绝缘子		拍摄角度：俯视 拍摄要求：需覆盖绝缘子整串，可拍多张照片，最终能够清晰分辨绝缘子表面损痕和每片绝缘子连接情况
17	H—17	左极大号侧绝缘子导线端挂点		拍摄角度：平视/俯视 拍摄要求：能够清晰分辨螺栓、螺母、锁紧销等小尺寸金具及防振锤。金具相互遮挡时，采取多角度拍摄
18	I—18	左回地线大号侧挂点		拍摄角度：平视/俯视 拍摄要求：能够清晰分辨金具的组合安装状况，与地线接触位置铝包带安装状态。设备相互遮挡时，采取多角度拍摄
19	I—19	左回地线小号侧挂点		拍摄角度：平视/俯视 拍摄要求：能够清晰分辨金具的组合安装状况，与地线接触位置铝包带安装状态。设备相互遮挡时，采取多角度拍摄
20	J—20	右回地线小号侧挂点		拍摄角度：平视/俯视 拍摄要求：能够清晰分辨金具的组合安装状况，与地线接触位置铝包带安装状态。设备相互遮挡时，采取多角度拍摄

拍摄部位编号	悬停位置	拍摄部位	示　例	拍摄方法
21	J—21	右回地线大号侧挂点		拍摄角度：平视/俯视 拍摄要求：能够清晰分辨金具的组合安装状况，与地线接触位置铝包带安装状态。设备相互遮挡时，采取多角度拍摄
22	K—22	右极小号侧绝缘子导线端挂点		拍摄角度：平视/俯视 拍摄要求：能够清晰分辨螺栓、螺母、锁紧销等小尺寸金具及防振锤。金具相互遮挡时，采取多角度拍摄
23	K—23	右极小号侧绝缘子		拍摄角度：俯视 拍摄要求：需覆盖绝缘子整串，可拍多张照片，最终能够清晰分辨绝缘子表面损痕和每片绝缘子连接情况
24	K—24	右极小号侧绝缘子横担端挂点		拍摄角度：平视/俯视 拍摄要求：能够清晰分辨螺栓、螺母、锁紧销等小尺寸金具及防振锤。金具相互遮挡时，采取多角度拍摄
25	L—25	右极小号侧跳线串横担端挂点		拍摄角度：平视/俯视 拍摄要求：采用平拍方式针对销钉穿向，拍摄上挂点连接金具；采用俯拍方式拍摄挂点上方螺栓及销钉情况

续表

拍摄部位编号	悬停位置	拍摄部位	示　例	拍摄方法
26	L—26	右极小号侧跳线绝缘子		拍摄角度：平视 拍摄要求：拍摄出绝缘子的全貌，应能够清晰识别每片伞裙
27	L—27	右极小号侧跳线串导线端挂点		拍摄角度：平视 拍摄要求：照片应包括从绝缘子末端碗头至重锤片的全景
28	L—28	右极大号侧跳线串导线端挂点		拍摄角度：平视 拍摄要求：照片应包括从绝缘子末端碗头至重锤片的全景
29	L—29	右极大号侧跳线绝缘子		拍摄角度：平视 拍摄要求：拍摄出绝缘子的全貌，应能够清晰识别每片伞裙
30	L—30	右极大号侧跳线串横担端挂点		拍摄角度：平视/俯视 拍摄要求：采用平拍方式针对销钉穿向，拍摄上挂点连接金具；采用俯拍方式拍摄挂点上方螺栓及销钉情况

续表

拍摄部位编号	悬停位置	拍摄部位	示　例	拍摄方法
31	M—31	右极大号侧横担端挂点		拍摄角度：平视/俯视 拍摄要求：能够清晰分辨螺栓、螺母、锁紧销等小尺寸金具及防振锤。金具相互遮挡时，采取多角度拍摄
32	M—32	右极大号侧绝缘子		拍摄角度：俯视 拍摄要求：需覆盖绝缘子整串，可拍多张照片，最终能够清晰分辨绝缘子表面损痕和每片绝缘子连接情况
33	M—33	右极大号侧导线端挂点		拍摄角度：平视/俯视 拍摄要求：能够清晰分辨螺栓、螺母、锁紧销等小尺寸金具及防振锤。金具相互遮挡时，采取多角度拍摄
34	N—34	小号侧通道		拍摄角度：平视 拍摄要求：包括本基塔左相整串绝缘子及上一基全塔可分辨塔型、通道内应清楚反应有无大型施工车辆或外破隐患点
35	N—35	大号侧通道		拍摄角度：平视 拍摄要求：包括本基塔左相整串绝缘子及下一基全塔可分辨塔型、通道内应清楚反应有无大型施工车辆或外破隐患点

需要注意的是，若一张照片上包含了多个采集对象，且拍摄质量满足辨识要求，可不再对每个对象分别拍摄。

6.2.2　变电设备精细化巡检

6.2.2.1　巡视内容

变电站精细化巡检主要采用可见光与红外相机拍摄。通过建设变电站三维立体化模型，进行无人机自主精细化巡检。通过可见光和红外相机拍摄，排查缺陷，保障变电站安全运行。针对变电站低、中、高层设备，利用可见光相机和红外相机对高层点位包括设备支架、避雷针、母线及附属设备、线夹、绝缘子；中层点位包括设备顶部、支柱瓷瓶、本体外观点；低层点位包括表计、开关分合指示进行巡检工作。

（1）无人机巡视以低空飞行为主，对站内设备进行逐个巡视。

（2）无人机将飞停在设备侧上方，主要针对构支架、设备金具、绝缘子及绝缘子串、避雷器、流变、母线、主变、压变、避雷针、周边隐患、站房顶面进行无死角精确拍照。

（3）多旋翼无人机获取高清图像后，通过专业人员进行图像后期识别，对每张图片进行缺陷和隐患判别。

变电站精细化巡检内容见表 6-15。

表 6-15　　　　　　　　　　变电站精细化巡检内容

序号	巡视对象	内　容　描　述
1	构支架	本体变形、倾斜、严重裂纹、异物搭挂；钢筋混凝土构支架两杆连接抱箍横梁处锈蚀、连接松动、外皮脱落、风化露筋、贯穿性裂纹
2	设备金具	线夹断裂、裂纹、磨损、销钉脱落或严重腐蚀；螺栓松动；金具锈蚀、变形、磨损、裂纹，开口销及弹簧销缺损或脱出，特别要注意检查金具经常活动、转动的部位和绝缘子串悬挂点的金具
3	绝缘子及绝缘子串	绝缘子与瓷横担脏污、瓷质裂纹、破碎，绝缘子铁帽及钢脚锈蚀、钢脚弯曲；合成绝缘子伞裙破裂、烧伤，金具、均压环变形、扭曲、锈蚀等异常情况；绝缘子与构支架横担有闪络痕迹和局部火花放电留下的痕迹；绝缘子串、绝缘横担偏斜；绝缘子槽口、钢脚、锁紧销不配合，锁紧销子退出等
4	避雷器	引流线松股、断股和弛度过紧及过松；接头松动、变色。均压环位移、变形、锈蚀，有放电痕迹。瓷套部分有裂纹、破损，防污闪涂层破裂
5	流变	油浸式流变的油位异常、膨胀器变形；一次侧接线端子接触松动；金属外壳锈蚀现象；引线断股、散股
6	母线	异物悬挂；外观破损，表面脏污、连接松动；母线表面绝缘包敷松动、开裂、起层和变色；引线断股、松股，连接螺栓松动脱落
7	主变	套管外部破损裂纹、严重油污、有放电痕迹及其他异常现象；油枕、套管及法兰、阀门、油管、瓦斯继电器等各部位渗漏油；存在异物
8	压变	外绝缘表面有裂纹、放电痕迹、老化迹象、防污闪涂料脱落。各连接引线及接头有松动、变色迹象
9	避雷针	避雷针本体歪斜、锈蚀，塔材缺失、脱落；接地引下线锈蚀、断裂；避雷针无编号，法兰螺栓松动、锈蚀；避雷针基础破损、酥松、裂纹、露筋及下沉

续表

序号	巡视对象	内　容　描　述
10	周边隐患、站房顶面	周边 500m 内存在气球广告、庆典活动飘带、横幅；存在大块塑料薄膜、金属飘带等易浮物；存在废品收购站、垃圾回收站、垃圾处理厂；存在没有有效固定措施的蔬菜大棚塑料薄膜、农用地膜、遮阳膜；周边有可能造成变电站围墙倒塌、变电站整体下沉、杆塔倒塌的开挖作业；站房顶面开裂、积水、杂物堆积

6.2.2.2 巡视分解

1. 飞行及巡视拍摄要求

无人机智能巡检应满足相关技术要求，具体如下：

（1）拍摄时应确保相机参数设置合理、对焦准确，保证图像清晰、曝光合理，不出现模糊现象。

（2）变电站目标设备应位于图像中间位置，销钉类目标及缺陷在放大情况下清晰可见。

2. 图像及视频采集标准

图像及视频采集标准见表 6-16。

表 6-16　　　　　　　　　　　图像及视频采集标准

拍摄部位编号	拍摄部位	示例	拍摄目的	拍摄角度
A	构支架		本体变形、倾斜有严重裂纹、异物搭挂；钢筋混凝土构支架两杆连接抱箍横梁处有锈蚀、连接松动、外皮脱落、风化露筋、贯穿性裂纹	作业人员应保证所拍摄照片对象覆盖完整、清晰度良好、亮度均匀。拍摄过程中，须尽量保证被拍摄主体处于相片中央位置，且处于清晰对焦状态
B	设备金具		线夹断裂、裂纹、磨损、销钉脱落或严重腐蚀；螺栓松动；金具锈蚀、变形、磨损、裂纹，开口销及弹簧销缺损或脱出，特别要注意检查金具经常活动、转动的部位和绝缘子串悬挂点的金具	作业人员应保证所拍摄照片对象覆盖完整、清晰度良好、亮度均匀。拍摄过程中，须尽量保证被拍摄主体处于相片中央位置，且处于清晰对焦状态
C	绝缘子及绝缘子串		绝缘子与瓷横担脏污，瓷质裂纹、破碎，绝缘子铁帽及钢脚锈蚀、钢脚弯曲；合成绝缘子伞裙破裂、烧伤，金具、均压环有变形、扭曲、锈蚀等异常情况；绝缘子与构支架横担有闪络痕迹和局部火花放电留下的痕迹；绝缘子串、绝缘横担偏斜；绝缘子槽口、钢脚、锁紧销不配合，锁紧销子退出等	作业人员应保证所拍摄照片对象覆盖完整、清晰度良好、亮度均匀。拍摄过程中，须尽量保证被拍摄主体处于相片中央位置，且处于清晰对焦状态

续表

拍摄部位编号	拍摄部位	示例	拍摄目的	拍摄角度
D	避雷器		引流线松股、断股和弛度过紧及过松；接头松动、变色。均压环有位移、变形、锈蚀、放电痕迹。瓷套部分有裂纹、破损，防污闪涂层破裂	作业人员应保证所拍摄照片对象覆盖完整、清晰度良好、亮度均匀。拍摄过程中，须尽量保证被拍摄主体处于相片中央位置，且处于清晰对焦状态
E	流变		油浸式流变的油位异常、膨胀器变形；一次侧接线端子接触松动；金属外壳锈蚀现象；引线断股、散股	作业人员应保证所拍摄照片对象覆盖完整、清晰度良好、亮度均匀。拍摄过程中，须尽量保证被拍摄主体处于相片中央位置，且处于清晰对焦状态
F	母线		异物悬挂；外观破损，表面脏污，连接松动；母线表面绝缘包敷松动，开裂、起层和变色；引线断股、松股，连接螺栓松动脱落	作业人员应保证所拍摄照片对象覆盖完整、清晰度良好、亮度均匀。拍摄过程中，须尽量保证被拍摄主体处于相片中央位置，且处于清晰对焦状态
G	主变		套管外部破损裂纹、严重油污、有放电痕迹及其他异常现象；油枕、套管及法兰、阀门、油管、瓦斯继电器等各部位渗漏油；存在异物	作业人员应保证所拍摄照片对象覆盖完整、清晰度良好、亮度均匀。拍摄过程中，须尽量保证被拍摄主体处于相片中央位置，且处于清晰对焦状态
H	压变		外绝缘表面有裂纹、放电痕迹、老化迹象，防污闪涂料脱落。各连接引线及接头有松动、变色迹象	作业人员应保证所拍摄照片对象覆盖完整、清晰度良好、亮度均匀。拍摄过程中，须尽量保证被拍摄主体处于相片中央位置，且处于清晰对焦状态
I	避雷针		避雷针本体歪斜、锈蚀，塔材缺失、脱落；接地引下线锈蚀、断落；避雷针无编号，法兰螺栓松动、锈蚀；避雷针基础破损、酥松、裂纹、露筋及下沉	作业人员应保证所拍摄照片对象覆盖完整、清晰度良好、亮度均匀。拍摄过程中，须尽量保证被拍摄主体处于相片中央位置，且处于清晰对焦状态

续表

拍摄部位编号	拍摄部位	示例	拍摄目的	拍摄角度
J	周边隐患、站房顶面		周边 500m 内存在气球广告、庆典活动飘带、横幅；存在大块塑料薄膜、金属飘带等易浮物的废品收购站、垃圾回收站、垃圾处理厂；没有有效固定措施的蔬菜大棚塑料薄膜、农用地膜、遮阳膜；周边有可能造成变电站围墙倒塌、变电站整体下沉、杆塔倒塌的开挖作业；站房顶面开裂、积水、杂物堆积	作业人员应保证所拍摄照片对象覆盖完整、清晰度良好、亮度均匀。拍摄过程中，须尽量保证被拍摄主体处于相片中央位置，且处于清晰对焦状态

6.2.3　配电设备精细化巡检

6.2.3.1　巡检内容

　　配电设备精细化巡检采用多旋翼无人机搭载可见光与红外载荷设备，以杆塔为单位，通过调整无人机位置和镜头角度，对架空线路杆塔本体、导线、绝缘子、拉线、横担金具等元件以及变压器、断路器、隔离开关等附属电气设备进行多方位图像信息采集。

　　无人机按照大、小号侧顺序沿线路方向，距杆塔及附属设备空间距离不小于 3m，无人机飞行高度宜与拍摄对象等高或不高于 2m，镜头按照先面向大号侧、杆塔顶部，再小号侧顺序拍摄，先左后右，从下至上（对侧从上至下），呈倒 U 形顺序拍摄。拍摄时应以不高于 1m/s 速度接近杆塔，必要时可在杆塔附近悬停，当下端部件视角不佳或不能看清时，可适当下降高度或调整镜头角度，使镜头在稳定状态下拍照、录像，确保数据的有效性与完整性。配电设备精细化巡检内容见表 6 - 17。

表 6 - 17　　　　　　　　　配电设备精细化巡检内容

巡检对象		检　查　内　容
线路本体	地基与基面	回填土下沉或缺土、水淹、冻胀、堆积杂物等
	杆塔基础	明显破损、酥松、裂纹、露筋等，基础移位、边坡保护不够等
	杆塔	杆塔倾斜、塔材严重变形、严重锈蚀，塔材、螺栓、脚钉缺失、土埋塔脚等；混凝土杆未封杆顶、破损、裂纹、爬梯严重变形等
	接地装置	断裂、严重锈蚀、螺栓松脱、接地体外露、缺失，连接部位有雷电烧痕等
	拉线及基础	拉线金具等被拆卸、拉线棒严重锈蚀或蚀损、拉线松弛、断股、严重锈蚀、基础回填土下沉或缺土等
	绝缘子	伞裙破损、严重污秽、有放电痕迹、弹簧销缺损、钢帽裂纹、断裂、钢脚严重锈蚀或蚀损、绝缘子串严重倾斜

续表

巡检对象		检 查 内 容
线路本体	导线、地线、引流线	散股、断股、损伤、断线、放电烧伤、悬挂漂浮物、严重锈蚀、导线缠绕（混线）、覆冰等
	线路金具	线夹断裂、裂纹、磨损、销钉脱落或严重锈蚀；均压环、屏蔽环烧伤、螺栓松动；防振锤跑位、脱落、严重锈蚀，阻尼线变形、烧伤；间隔棒松脱、变形、离位、悬挂异物；各种连板、联接环、调整板损伤、裂纹等
附属设施	防雷装置	破损、变形、引线松脱、烧伤等
	防鸟装置	固定式：破损、变形、螺栓松脱等；活动式：褪色、破损等；电子、光波、声响式：损坏
	各种监测装置	缺失、损坏
	航空警示器材	高塔警示灯、跨江线彩球等缺失、损坏
	防舞防冰装置	缺失、损坏等
	配网通信线	损坏、断裂等
	杆号、警告、防护、指示、相位等标志	缺失、损坏、字迹或颜色不清、严重锈蚀等

配电线路精细化巡检时，应至少拍摄以下视频（图片）：杆塔安健环标识图、杆塔全景图、杆塔基础图、杆塔设备近景图、杆塔重点构件近景图、沿线概况图。

6.2.3.2　巡视分解

1. 飞行及巡视拍摄要求

（1）斜对角俯拍。对电杆及铁塔宜采用斜对角俯拍方式，尽可能将全部人巡无法看到、无法看清的部位，单张或分张拍摄清楚。

斜对角俯拍方式是指无人机高度高于被拍摄物体，并且中轴线延长线与线路走向成15°～60°方向拍摄，然后将无人机旋转180°飞至被拍摄物体对侧再次拍摄。使用此方法可以以较少的拍摄次数尽可能多地采集被拍摄物体的信息。

（2）近距离拍摄。拍摄设备近景图时，应提前确认线路设备周围情况，如附近有无高杆植物、其他高压线路、低压线路或通信线、拉线、其他可能对无人机造成危害的障碍物。无人机拍摄时，后侧至少保持 3m 安全距离。如无人机受电磁或气流干扰应向后轻拨摇杆，将无人机水平向后移动。使用无人机失控自动返航功能时，禁止在高低压导线、通信线、拉线正下方飞行，以免无人机失控自动返航时，撞击正上方线路。对于有拉线的杆塔，严禁无人机环绕杆塔飞行。拍摄时无人机姿态调整应以低速、小舵量控制。

（3）降低飞行高度。无人机在需要降低高度飞行时，应使无人机摄像头垂直向下，遥控器显示屏可以清晰观察到下降路径情况时方可降低飞行高度。降低飞行高度前应规划好无人机升高线路，避免无人机撞击上侧盲区物体。

（4）转移作业地点。无人机转移作业地点前，应将无人机上升至高于线路及转移路径上全部障碍物高度并沿直线向前飞行。

2. 图像及视频采集标准

（1）单回路直线杆。配电线路单回路直线杆，精细化巡检作业方法示例见表 6-18。

表 6 - 18　　　　　　　单回路直线杆精细化巡检作业方法示例

拍摄部位编号	拍摄部位	示　例	拍摄方法
1	全杆		拍摄角度：平视/俯视 拍摄要求：包含杆塔全貌，能够清晰分辨全杆和杆塔角度
2	杆号		拍摄角度：俯视 拍摄要求：能够清楚识别杆号
3	杆塔头		拍摄角度：平视/俯视 拍摄要求：能够看到完整杆塔头
4	小号侧通道		拍摄角度：平视 拍摄要求：杆塔头平行，面向小号侧拍摄，包含完整的通道概况图
5	大号侧通道		拍摄角度：平视 拍摄要求：杆塔头平行，面向大号侧拍摄，包含完整的通道概况图

续表

拍摄部位编号	拍摄部位	示　例	拍摄方法
6	左边相金具、绝缘子、挂点		拍摄角度：平视/俯视 拍摄要求：能够清晰分辨螺栓、螺母、锁紧销、绝缘子等小尺寸金具。金具相互遮挡时，采取多角度拍摄
7	中相左侧金具、绝缘子、挂点		拍摄角度：平视/俯视 拍摄要求：能够清晰分辨螺栓、螺母、锁紧销、绝缘子等小尺寸金具。金具相互遮挡时，采取多角度拍摄
8	杆顶		拍摄角度：俯视 拍摄要求：位于杆塔顶部，采集杆塔坐标信息
9	中相右侧金具、绝缘子、挂点		拍摄角度：平视/俯视 拍摄要求：能够清晰分辨螺栓、螺母、锁紧销、绝缘子等小尺寸金具。金具相互遮挡时，采取多角度拍摄
10	右边相金具、绝缘子、挂点		拍摄角度：平视/俯视 拍摄要求：能够清晰分辨螺栓、螺母、锁紧销、绝缘子等小尺寸金具。金具相互遮挡时，采取多角度拍摄

（2）单回路承力塔。配电线路单回路承力塔精细化巡检作业方法示例见表6-19。

表 6-19　　　　　　　配电线路单回路承力塔精细化巡检作业方法示例

拍摄部位编号	拍摄部位	示例	拍摄方法
1	全杆		拍摄角度：平视/俯视 拍摄要求：包含杆塔全貌，能够清晰分辨全杆和杆塔角度
2	杆号		拍摄角度：俯视 拍摄要求：能够清楚识别杆号
3	杆塔头		拍摄角度：平视/俯视 拍摄要求：能够看到完整杆塔塔头
4	小号侧通道		拍摄角度：平视 拍摄要求：杆塔头平行，面向小号侧拍摄，包含完整的通道概况图
5	大号侧通道		拍摄角度：平视 拍摄要求：杆塔头平行，面向大号侧拍摄，包含完整的通道概况图

续表

拍摄部位编号	拍摄部位	示　例	拍摄方法
6	左边相金具、绝缘子、挂点		拍摄角度：平视/俯视 拍摄要求：能够清晰分辨螺栓、螺母、锁紧销、绝缘子等小尺寸金具。金具相互遮挡时，采取多角度拍摄
7	中相左侧金具、绝缘子、挂点		拍摄角度：平视/俯视 拍摄要求：能够清晰分辨螺栓、螺母、锁紧销、绝缘子等小尺寸金具。金具相互遮挡时，采取多角度拍摄
8	杆顶		拍摄角度：俯视 拍摄要求：位于杆塔顶部，采集杆塔坐标信息
9	中相右侧金具、绝缘子、挂点		拍摄角度：平视/俯视 拍摄要求：能够清晰分辨螺栓、螺母、锁紧销、绝缘子等小尺寸金具。金具相互遮挡时，采取多角度拍摄
10	右边相金具、绝缘子、挂点		拍摄角度：平视/俯视 拍摄要求：能够清晰分辨螺栓、螺母、锁紧销、绝缘子等小尺寸金具。金具相互遮挡时，采取多角度拍摄

（3）双回路直线杆。配电线路双回路直线杆，精细化巡检作业方法示例见表6-20。

表 6-20　　　　　　　　双回路直线杆精细化巡检作业方法示例

拍摄部位编号	拍摄部位	示　例	拍摄方法
1	全塔		拍摄角度：平视/俯视 拍摄要求：顺光，线路方向45°，俯拍20°，检查混凝土杆外观
2	杆头		拍摄角度：平视/俯视 拍摄要求：顺光，俯拍20°，能够清晰分辨横担、抱箍结构、螺栓
3	杆头		拍摄角度：平视/俯视 拍摄要求：顺光，光圈调小保证景深，俯拍20°，检查单侧绝缘子绑线
4	杆头		拍摄角度：平视/俯视 拍摄要求：顺光，光圈调小保证景深，俯拍20°，检查单侧绝缘子绑线
5	杆头		拍摄角度：平视/仰视 拍摄要求：顺光，光圈调小保证景深，仰拍20°，检查单侧绝缘子、螺帽

续表

拍摄部位编号	拍摄部位	示　例	拍摄方法
6	杆头		拍摄角度：平视/仰视 拍摄要求：顺光，光圈调小保证景深，仰拍 20°，检查单侧绝缘子螺帽
7	杆号牌		拍摄角度：平视/俯视 拍摄要求：能够清晰分辨杆号牌上线路双重名称
8	基础		拍摄角度：俯视 拍摄要求：能够清晰看到基础附近地面情况

（4）双回路承力塔。配电线路双回路承力塔，精细化巡检作业方法示例见表 6－21。

表 6－21　　　　双回路承力塔精细化巡检作业方法示例

拍摄部位编号	拍摄部位	示　例	拍摄方法
1	全杆		拍摄角度：平视/俯视 拍摄要求：杆塔全貌，能够清晰分辨全杆和杆塔角度

续表

拍摄部位编号	拍摄部位	示　　例	拍摄方法
2	杆号		拍摄角度：俯视 拍摄要求：能够清楚识别杆号
3	杆塔头		拍摄角度：平视/俯视 拍摄要求：能够完整杆塔塔头，清晰理清线路连接
4	主线小号侧通道		拍摄角度：平视 拍摄要求：杆塔头平行，面向小号侧拍摄，包含完整的通道概况图
5	主线大号侧通道		拍摄角度：平视 拍摄要求：杆塔头平行，面向大号侧拍摄，包含完整的通道概况图
6	主线左边相金具、绝缘子、挂点		拍摄角度：平视/俯视 拍摄要求：能够清晰分辨螺栓、螺母、锁紧销、绝缘子等小尺寸金具。金具相互遮挡时，采取多角度拍摄

续表

拍摄部位编号	拍摄部位	示　例	拍摄方法
7	主线中相左侧金具、绝缘子、挂点		拍摄角度：平视/俯视 拍摄要求：能够清晰分辨螺栓、螺母、锁紧销、绝缘子等小尺寸金具。金具相互遮挡时，采取多角度拍摄
8	杆顶		拍摄角度：俯视 拍摄要求：位于杆塔顶部，采集杆塔坐标信息
9	主线中相右侧金具、绝缘子、挂点		拍摄角度：平视/俯视 拍摄要求：能够清晰分辨螺栓、螺母、锁紧销、绝缘子等小尺寸金具。金具相互遮挡时，采取多角度拍摄
10	主线右边相金具、绝缘子、挂点		拍摄角度：平视/俯视 拍摄要求：能够清晰分辨螺栓、螺母、锁紧销、绝缘子等小尺寸金具。金具相互遮挡时，采取多角度拍摄
11	支线右边相金具、绝缘子、挂点、刀闸设备等		拍摄角度：平视/俯视 拍摄要求：能够清晰分辨螺栓、螺母、锁紧销、绝缘子等小尺寸金具以及刀闸等设备。相互遮挡时，采取多角度拍摄

续表

拍摄部位编号	拍摄部位	示　例	拍摄方法
12	支线中相金具、绝缘子、挂点、刀闸设备等		拍摄角度：平视/俯视 拍摄要求：能够清晰分辨螺栓、螺母、锁紧销、绝缘子等小尺寸金具以及刀闸等设备。相互遮挡时，采取多角度拍摄
13	支线左边相金具、绝缘子、挂点、刀闸设备等		拍摄角度：平视/俯视 拍摄要求：能够清晰分辨螺栓、螺母、锁紧销、绝缘子等小尺寸金具以及刀闸等设备。相互遮挡时，采取多角度拍摄

6.3　通道巡检

6.3.1　巡检方式

通道环境巡视是应用无人机搭载可见光、倾斜摄影、激光雷达等设备对线路通道、周边环境、沿线交跨、施工作业等进行检查，以便及时发现和掌握线路通道环境的动态变化。目前常用的通道巡视技术方式包括：①可见光照片拍摄技术；②倾斜摄影（多角度照相测距）技术；③激光扫描三维成像技术。

（1）可见光照片拍摄技术。采用可见光对线路通道、变电站周边等环境开展巡视，在获取高清图像后，可以获知线路通道环境状态信息、线路设备定位信息，再通过专业的图像后期处理技术对图像进行拼接处理，获得通道走廊连续正摄影像数据，当发现通道疑似隐患，可对其进行标注，做进一步分析确认。

（2）倾斜摄影（多角度照相测距）技术。无人机多角度影像三维重建技术是计算机图形及遥感领域近年来发展起来的一项新兴技术，通过无人机飞行平台搭载单相机或多相机，在空中多个角度获取通道走廊高分辨率影像，由三维处理软件对通道完整准确的信息进行处理，可自动生成通道走廊场景三维模型。快速高效的作业流程及逼真的场景还原效果使多角度影像技术在通道巡检领域具有广阔的应用前景。

（3）激光扫描三维成像技术。目前通道巡检采用最多的是可见光摄像头配合多角度技术拍摄照片，但可见光照片表达线路情况缺乏数据支撑，不能完全说明问题；而多角度照相测距技术精确度不足。激光雷达测量系统具有快速性、非接触性、穿透性、全天候、高精度、高效等优势，通过无人机巡检，可获得输电线路高精度三维数据信息，依靠全数字、智能化数据处理流程，并结合输电线路在线监测系统，实现输电线路资料的数字化与可视化。

在小范围、时效性要求较高的通道巡检工作中，可使用搭载小型激光雷达的小型消费级旋翼无人机，进行通道巡检作业。虽然其测量距离有限，仅有 20～30m，但其可通过激光雷达实现导航、避碰、测距等多重功能，能获得带电体安全邻域范围内的各类危险点空间距离信息。其信息采集作业和数据处理过程迅速，应用成本低的优势特点，使其更适合于在基层班组配置。

6.3.2　巡检内容

6.3.2.1　输电通道巡检

输电通道巡检是针对线路通道环境开展的巡视工作，目的在于及时发现线路通道中的安全隐患。应根据线路通道内树竹生长、建筑物、地理环境、特殊气候特点及跨越铁路、公路、河流、电力线等详细分布状况，对重要线路或特殊区段应优先安排巡检，根据不同状况选择不同机型、设备以及相应匹配的巡检方式，通道巡检的具体内容见表 6-22。

表 6-22　　　　　　　　　　　输电通道巡检内容

巡 检 对 象		巡 检 内 容
线路本体	杆塔基础	明显破损等，基础移位、边坡保护不够等
通道及电力保护区	建（构）筑物	有违章建筑
	树木（竹林）	有新栽树（竹）
	施工作业	线路下方或附近有危及线路安全的施工作业等
	火灾	线路附近有烟火现象，有易燃、易爆物堆积等
	交叉跨越变化	出现新建或改建电力、通信线路、道路、铁路、索道、管道等
	防洪、排水、基础保护设施	大面积坍塌、淤堵、破损等
	自然灾害	地震、山洪、泥石流、山体滑坡等引起的通道环境变化
	道路、桥梁	巡线道、桥梁损坏等
	污染源	出现新的污染源
	采动影响区	出现新的采动影响区，采动区出现裂缝、塌陷对线路影响等
	其他	线路附近有危及线路安全的飘浮物、采石（开矿）以及藤蔓类植物攀附杆塔等

6.3.2.2　变电站周边巡检

在变电站安全监管职责内，传统监控摄像头存在受自然条件安装位置制约程度大、视角死角盲区多等缺陷，因此，通过无人机进行变电站外部的日常巡视，在全方位巡检厂区的同时，可以快速发现潜伏的安防威胁等不利因素，应及时查核并采取消除隐患的应对措施。

可使用无人机对变电站厂区进行绕站飞行，利用丰富的功能拓展模块如变焦摄像头、喊话器等对无人机厂区进行站外高空远距离巡检。变电站周边日常巡视如图 6-14 所示。

图 6-14　变电站周边日常巡视

6.3.2.3　配电通道巡检

采用多旋翼无人机任务设备，对配电架空线路通道以及线路周围环境采用拍摄和录像的方式进行图像信息采集。

无人机处于线路正上方，按照大、小号侧顺序沿着线的方向（有分支线路先分支再主线路），可见光镜头俯视 30°左右拍摄架空通道以及线路周围环境内照片。其架空通道拍摄照片含当前杆塔至下基杆塔通道内可见光图像，应能清晰完整呈现杆塔的通道情况，如建筑物、树木（毛竹）、交叉、跨越等通道情况。配电通道巡检内容见表 6-23。

表 6-23　　　　　　　　　　配电通道巡检内容

巡 检 对 象		巡 检 内 容
通道及电力保护区（外部环境）	建（构）筑物	违章建筑等
	树木（竹林）	近距离栽树等
	施工作业	线路下方或附近有危及线路安全的施工作业等
	火灾	线路附近有烟火现象，有易燃、易爆物堆积等
	防洪、排水、基础保护设施	大面积坍塌、淤堵、破损等
	自然灾害	地震、山洪、泥石流、山体滑坡等引起通道环境变化
	道路、桥梁	巡线道、桥梁损坏等
	采动影响区	采动区出现裂缝、塌陷对线路造成影响等
	其他	有危及线路安全的飘浮物、藤蔓类植物攀附杆塔等

在开展配电线路巡检任务时，采用一架次无人机双任务的作业模式，精细化巡检作业和通道巡视作业同时进行。在对杆塔本体进行巡视时在杆塔本体四个角度采集四张照片覆盖本体精细化巡检内容。

6.4　故障巡检

6.4.1　故障巡检流程及内容

故障巡检流程及内容如图 6-15 所示。

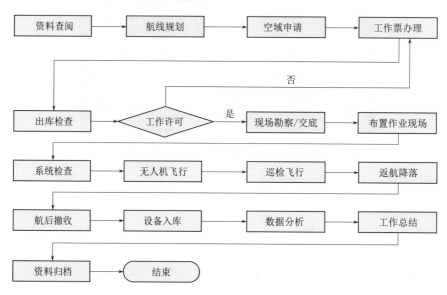

图 6-15　故障巡检流程及内容图

6.4.2　故障巡检内容及拍摄要求

6.4.2.1　拍摄内容

故障巡检应根据设备故障类型进行区分，主要针对塔身、绝缘子、金具、导线、通道环境等，获得调度信息并进行初步判断后，调用相关故障拍摄模块进行故障巡检航迹规划。具体拍摄内容见表 6-24。

表 6-24　　　　　　　　　拍　摄　内　容

故障类型	放点痕迹发生部位	调用对应拍摄方案模块
雷击	绝缘子表面	绝缘子表面、金具、地线
鸟害	绝缘子表面	绝缘子表面、金具
风偏	导线、地线、杆塔构件及周边物体上	导线、地线、塔身、导线周边物体、通道环境
外力破坏	导线	导线、导线周边物体、通道环境
污闪	绝缘子	绝缘子表面、钢帽
覆冰	导线、地线、杆塔构件及周边物体上	导线、地线、塔身、导线周边物体、通道环境

6.4.2.2　拍摄原则

（1）基本原则。无人机故障巡检应根据输电设备结构选择合适的拍摄位置，尽可能从多角度拍摄目标设备。航线规划可采用激光点云、参数建模等方式，并根据不同故障类型生成标准化故障巡检航迹，建立标准化故障巡检航迹库。航迹应适应同类塔型，并包含拍摄目标设备名称、拍摄角度。下发巡检任务后自动匹配线路名称，便于自动命名并进行下一步故障点查找工作。

（2）雷击故障拍摄原则。雷击放电痕迹主要表现为绝缘子上表面烧伤，下表面不会有明显痕迹。瓷质绝缘子放电痕迹明显，烧伤点中部呈白色或白色夹杂黑点，痕迹边缘呈黄色或黑色，钢帽有银白色亮斑。玻璃绝缘子放电痕迹不明显，表面的烧伤点会有小块的波纹状痕迹。复合绝缘子烧伤痕迹明显，烧伤中心呈白色逐步向外过渡成棕色，均压环上会有明显的主放电痕迹或熔孔。

自主巡检拍摄主要针对故障相绝缘子表面、金具，故障杆塔地线，由于放点痕迹主要为上表面灼伤，应尽可能采取俯视多角度拍摄；若航迹无俯仰角调整，应根据实际拍摄效果增加点位；针对超高压、特高压线路绝缘子较长的情况，一张照片如无法将绝缘子拍摄完整或拍摄不清晰，可采取分段拍摄方式。

（3）鸟害故障拍摄原则。鸟害产生的主要原因有粪道闪络、鸟粪污闪，故障上方一般会发现鸟巢，或在绝缘子串上观察到长串鸟粪，且绝缘子的上表面和钢帽上会有烧伤痕迹。

自主巡检拍摄主要针对故障相绝缘子、金具、横担，由于放电点和鸟粪多位于绝缘子、金具上方，且横担上可能有鸟巢，应尽可能采取俯视多角度拍摄；若航迹无俯仰角调整，应根据实际拍摄效果增加点位；针对超高压、特高压线路绝缘子较长的情况，一张照片如无法将绝缘子拍摄完整或拍摄不清晰，可采取分段拍摄方式。

（4）风偏故障。风偏故障有导线对杆塔构件放电、导地线间放电、导线对周边物体放电三种形式，导线对杆塔构件放电又分为直线杆塔上导线对杆塔构件放电和耐张杆塔的跳线对杆塔构件放电。风偏故障放电点通常在导线对地线、导线对杆塔构件以及导线对周边物体上，且主放电点多在突出位置。

自主巡检应从巡检区间第一基杆塔开始，针对故障相可能放电的横担、塔身等主材进行拍摄，随后沿导/地线进行巡检拍摄，导线尽可能采用在外侧和上侧拍摄的方式，如未发现放电痕迹，在保证飞行安全的前提下增加内侧拍摄任务。

（5）外力破坏故障。架空输电线路外力破坏指人为有意或者无意而造成的输电线路部件的非正常状态。其主要包括保护区内违章机械施工、异物上线短路、树竹砍伐吊装、违章垂钓碰线、人为偷盗及蓄意破坏、通道烟火6类。外力破坏故障同上会在导线上出现大面积烧伤痕迹或出现断股现象。在机械施工情况下，通常在机械停放的地面上也有大片烧焦痕迹；树木放电故障情况下，导线上有多个放电点分散分布，导线下方树竹枝头有高温烧焦痕迹。

自主巡检拍摄应从巡检区间第一基杆塔开始，沿故障相导线进行拍摄，并保证导线照片连续。同时，应有通道环境照片，用于辅助识别有无大型机械施工、超高树木等可能导致外破事故的隐患点。

（6）污闪故障。在潮湿大雾或毛毛雨、雨夹雪等天气，以及绝缘子污秽程度较高的综合条件下，重污区绝缘子串经常会发生大面积的污秽闪络，污闪故障发生时，绝缘子表面有较大程度的积污，钢帽和绝缘子表面有明显的放电痕迹，绝缘子串中存在低零值时甚至会发生掉串现象。

自主巡检拍摄主要针对故障相绝缘子，由于放点痕迹主要为绝缘子表面，应尽可能采取多角度拍摄，针对超高压、特高压线路绝缘子较长的情况，一张照片如无法将绝缘子拍摄完整或拍摄不清晰，可采取分段拍摄方式。

（7）覆冰故障。覆冰故障有导线覆冰后对地距离不足而放电、地线覆冰后对导线距离不足而放电、导线脱冰跳跃对地线距离不足而放电、覆冰断线等几种形式。放电点类似风偏故障，通常在导线对地线、导线对杆塔构件以及导线对周边物体上，同时杆塔、导线下方存在大量脱落的覆冰。

自主巡检拍摄应从巡检区间第一基杆塔开始，沿故障相导线进行拍摄，并保证导线照片连续，用于观察导线表面放电点和是否存在断线情况。同时应有通道环境照片，用于辅助识别通道内有无脱落覆冰。

6.4.2.3　故障拍摄模块方案

放电点查找主要针对绝缘子、金具、塔身、导/地线和通道进行拍摄，本部分列举了几种主要塔型的部件拍摄方式，使用定/变焦镜头类型提供参考拍摄方案，其他塔型可参考执行。

拍摄航迹可根据无人机机型是否支持单机位点拍摄多张照片对各类方案进行综合规划。

对于绝缘子拍摄，不同电压等级输电线路绝缘子长度会有较大偏差，具体分段拍摄见表 6-25。

表 6-25　　　　　　　　　　不同电压等级推荐拍摄分段数

项　　目	电　压　等　级				
	110kV	220kV	500kV	±800kV	1000kV
常见绝缘子长度范围/m	1.22～1.44	2.1～2.8	4.21～5.4	约 8	约 10
推荐拍摄分段数	1	1	2	4	4

1. 220kV 双回直线塔悬垂绝缘子拍摄方案

220kV 绝缘子可采用单张照片拍摄，为保证拍摄照片可全面反映绝缘子情况，应至少采用 2 个及以上相互对应的不同角度进行拍摄。

（1）2 点拍摄方案 1。绝缘子照片采用 2 点拍摄，机位水平面选取绝缘子中心至横担处，距离绝缘子 2～5m，沿导线方向，分别在大号侧、小号侧水平或俯视对绝缘子进行拍摄。拍摄中心应对准绝缘子中心，根据相机参数合理调整机位，保证绝缘子整串在照片中清晰成像。绝缘子 2 点拍摄方案 1 如图 6-16 所示。

该方案可采用定焦或变焦方式拍摄，可拍摄绝缘子上表面，偏上部位的伞裙间隙、钢帽；绝缘子下半部分的伞裙间隙、钢帽处会有不同程度遮挡。

（2）2 点拍摄方案 2。绝缘子照片采用 2 点拍摄，机位水平面选取绝缘子中部至导线侧金具处，距离绝缘子 2～5m，沿横担方向分别在内侧、外侧水平对绝缘子进行拍摄。拍摄中心应对准绝缘子中心，根据相机参数合理调整机位，保证绝缘子整串在照片中清晰成像。绝缘子 2 点拍摄方案 2 如图 6-17 所示。

图 6-16   绝缘子 2 点拍摄方案 1

图 6-17   绝缘子 2 点拍摄方案 2

该方案可采用定焦或变焦方式拍摄，可拍摄绝缘子伞裙间隙、钢帽，偏下部位的绝缘子表面；绝缘子上半部分的上表面会有不同程度遮挡。内侧拍摄应根据横担长度调整安全距离，同时无人机进入横担内侧应设置足够的安全点或安全转移路径，保障拍摄过程安全。

（3）2 点拍摄方案 3。绝缘子照片采用 2 点拍摄，机位水平面选取绝缘子上部至导线侧金具处，距离绝缘子 2～5m，与沿横担方向呈 45°左右，分别在内侧、外侧水平或俯视对绝缘子进行拍摄。拍摄中心应对准绝缘子中心，根据相机参数合理调整机位，保证绝缘子整串在照片中清晰成像。绝缘子 2 点拍摄方案 3 如图 6-18 所示。

该方案可采用定焦或变焦方式拍摄，机位选取较为自由，绝缘子表面、伞裙间隙、钢帽遮挡情况根据机位不同有所不同。内侧拍摄点位如选在导线侧金具水平面，应设置足够的安全点或安全转移路径，保障拍摄过程安全。

图 6-18　绝缘子 2 点拍摄方案 3

（4）2 点拍摄方案 4。绝缘子照片采用 2 点拍摄，机位水平面选取绝缘子上部至导线侧金具处，外侧拍摄机位距离绝缘子 2～5m，与沿横担方向呈 45°左右，内侧拍摄机位选取杆塔对侧无遮挡处，与外侧拍摄点处于相同水平面，水平或俯视对绝缘子进行拍摄。拍摄中心应对准绝缘子中心，根据相机参数合理调整机位，保证绝缘子整串在照片中清晰成像。绝缘子 2 点拍摄方案 4 如图 6-19 所示。

图 6-19　绝缘子 2 点拍摄方案 4

该方案仅可用于变焦方式拍摄，机位选取较为自由，绝缘子表面，伞裙间隙，钢帽遮挡情况根据机位不同有所不同，同时会受到杆塔本体、导线的部分遮挡。

（5）4 点拍摄方案 1。绝缘子照片采用 4 点拍摄，机位水平面选取绝缘子上部至导线侧金具处，距离绝缘子 2～5m，与沿横担方向呈 45°左右，分别在内侧大号侧、外侧大号侧、内侧小号侧、外侧小号侧水平或俯视对绝缘子进行拍摄。拍摄中心应对准绝缘子中心，根据相机参数合理调整机位，保证绝缘子整串在照片中清晰成像。绝缘子 4 点拍摄方案 1 如图 6-20 所示。

图 6 - 20　绝缘子 4 点拍摄方案 1

该方案可采用定焦或变焦方式拍摄，机位选取较为自由，绝缘子表面，伞裙间隙，钢帽遮挡情况根据机位不同有所不同。可分为两组分别采用不同机位进行拍摄，弥补 2 点拍摄可能的遮挡点。内侧拍摄点位如选在导线侧金具水平面，应设置足够安全点或安全转移路径，保障拍摄过程安全。

（6）4 点拍摄方案 2。绝缘子照片采用 4 点拍摄，机位水平面选取绝缘子上部至导线侧金具处，近侧机位点选取距离绝缘子 2～5m，与沿横担方向呈 45°，对侧拍摄机位选取杆塔对侧无遮挡处，与近侧拍摄点相对应且在处于相同水平面，水平或俯视对绝缘子进行拍摄。拍摄中心应对准绝缘子中心，根据相机参数合理调整机位，保证绝缘子整串在照片中清晰成像。绝缘子 4 点拍摄方案 2 如图 6 - 21 所示。

图 6 - 21　绝缘子 4 点拍摄方案 2

该方案仅可用于变焦方式拍摄，机位选取较为自由，绝缘子表面，伞裙间隙，钢帽遮挡情况根据机位不同有所不同，同时会受到杆塔本体、导线的部分遮挡。

2. 220kV 单回直线塔绝缘子拍摄方案

单回直线塔塔型主要包括猫头、酒杯、拉门、"上"字形、"干"字形等塔型，"上"

字形、"干"字形塔及猫头塔、酒杯塔、拉门塔边相参照双回直线塔拍摄方案,本部分主要讨论猫头塔、酒杯塔等左中右布线方式的中相拍摄方案。

(1) 2 点拍摄方案 1。绝缘子照片采用 2 点拍摄,机位水平面选取绝缘子上部至导线侧金具处,近侧机位点选取距离绝缘子 2~5m,与导线方向相同的大号侧和小号侧,水平或俯视对绝缘子进行拍摄。拍摄中心应对准绝缘子中心,根据相机参数合理调整机位,保证绝缘子整串在照片中清晰成像。绝缘子 2 点拍摄方案 1 如图 6-22 所示。

图 6-22　绝缘子 2 点拍摄方案 1

该方案可采用定焦或变焦方式拍摄,可拍摄绝缘子上表面,偏上部位的伞裙间隙、钢帽,绝缘子下半部分的伞裙间隙、钢帽处会有不同程度遮挡。

(2) 2 点拍摄方案 2。绝缘子照片采用 2 点拍摄,机位水平面选取绝缘子中部至挂点侧金具处,距离绝缘子 2~5m,与沿横担方向呈 45°左右,水平或俯视对绝缘子进行拍摄。拍摄中心应对准绝缘子中心,根据相机参数合理调整机位,保证绝缘子整串在照片中清晰成像。绝缘子 2 点拍摄方案 2 如图 6-23 所示。

图 6-23　绝缘子 2 点拍摄方案 2

　　该方案可采用定焦或变焦方式拍摄，可拍摄绝缘子上表面，偏上部位的伞裙间隙、钢帽，绝缘子下半部分的伞裙间隙、钢帽处会有不同程度遮挡。

　　（3）2点拍摄方案3。绝缘子照片采用2点拍摄，机位水平面可选整串取绝缘子，拍摄机位选取杆塔外侧无遮挡处，水平或俯视对绝缘子进行拍摄。拍摄中心应对准绝缘子中心，根据相机参数合理调整机位，保证绝缘子整串在照片中清晰成像。绝缘子2点拍摄方案3如图6-24所示。

图6-24　绝缘子2点拍摄方案3

　　该方案仅可用于变焦方式拍摄，机位选取较为自由，绝缘子表面，伞裙间隙，钢帽遮挡情况根据机位不同有所不同，同时会受到杆塔本体、导线的部分遮挡。

　　（4）4点拍摄方案1。绝缘子照片采用4点拍摄，机位水平面选取绝缘子上部至导线侧金具处，距离绝缘子2～5m，与沿横担方向呈45°左右，分别在内侧大号侧、外侧大号侧、内侧小号侧、外侧小号侧水平或俯视对绝缘子进行拍摄。拍摄中心应对准绝缘子中心，根据相机参数合理调整机位，保证绝缘子整串在照片中清晰成像。绝缘子4点拍摄方案1如图6-25所示。

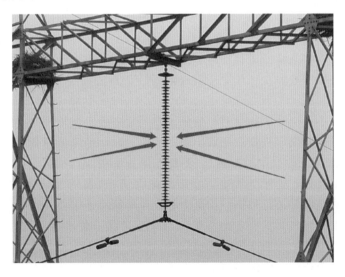

图6-25　绝缘子4点拍摄方案1

该方案可采用定焦或变焦方式拍摄，机位选取较为自由，绝缘子表面，伞裙间隙，钢帽遮挡情况根据机位不同有所不同。可分为两组分别采用不同机位进行拍摄，弥补 2 点拍摄可能的遮挡点。内侧拍摄点位如选在导线侧金具水平面，应设置足够安全点或安全转移路径，保障拍摄过程安全。

（5）4 点拍摄方案 2。绝缘子照片采用 4 点拍摄，机位水平面选取绝缘子上部至导线侧金具处，拍摄机位选取杆塔外侧无遮挡处，与沿横担方向呈 45°左右，分别在内侧大号侧、外侧大号侧、内侧小号侧、外侧小号侧水平或俯视对绝缘子进行拍摄。拍摄中心应对准绝缘子中心，根据相机参数合理调整机位，保证绝缘子整串在照片中清晰成像。绝缘子 4 点拍摄方案 2 如图 6-26 所示。

图 6-26　绝缘子 4 点拍摄方案 2

该方案仅可用于变焦方式拍摄，机位选取较为自由，绝缘子表面，伞裙间隙，钢帽遮挡情况根据机位不同有所不同，同时会受到杆塔本体、导线的部分遮挡。

3. 220kV 直线塔 "V" 形绝缘子拍摄方案

（1）"V" 形绝缘子 2 点拍摄方案 1。绝缘子照片采用 2 点拍摄，机位水平面选取绝缘子上部至导线侧金具处，距离较近绝缘子 2～5m，与沿横担方向呈 45°左右，分别在内侧、外侧水平或俯视对绝缘子进行拍摄。拍摄中心应对准绝缘子中心，根据相机参数合理调整机位，保证绝缘子整串在照片中清晰成像。"V" 形绝缘子 2 点拍摄方案 1 如图 6-27 所示。

该方式要求每个点位分别拍摄两个绝缘子的照片，由于视角偏差，距离过近时绝缘子部分侧边细节会覆盖不全，机位点选取中心水平拍摄时，绝缘子部分上表面会覆盖不全。

（2）"V" 形绝缘子 2 点拍摄方案 2。绝缘子照片采用 2 点拍摄，机位水平面选取绝缘子上部至横担侧金具处，处于导线上方，距离绝缘子 2～5m，沿导线方向大号侧和小号侧，水平或俯视对绝缘子进行拍摄。拍摄中心应对准绝缘子中心，每个点位分别拍摄两个绝缘子的照片，根据相机参数合理调整机位，保证绝缘子整串在照片中清晰成像。"V" 形绝缘子 2 点拍摄方案 2 如图 6-28 所示。

该方式要求每个点位分别拍摄两个绝缘子的照片，机位点选取中心水平拍摄时，绝缘子部分上表面会覆盖不全。

图 6-27 "V"形绝缘子 2 点拍摄方案 1

图 6-28 "V"形绝缘子 2 点拍摄方案 2

（3）4 点拍摄方案 1。绝缘子照片采用 4 点拍摄，机位水平面选取绝缘子中心处附近，距离绝缘子 2～5m，沿导线方向，分别在大号侧、小号侧水平或俯视对两串绝缘子进行拍摄。拍摄中心应对准绝缘子中心，根据相机参数合理调整机位，保证绝缘子整串在照片中清晰成像。绝缘子 4 点拍摄方案 1 如图 6-29 所示。

该拍摄方式每个点位对应一个拍照点，机位点选取中心水平拍摄时，绝缘子部分上表面会覆盖不全。

（4）4 点拍摄方案 2。绝缘子照片采用 4 点拍摄，机位水平面选取绝缘子上部至导线侧金具处，距离较近绝缘子 2～5m，与沿横担方向呈 45°左右，分别在内侧、外侧水平或俯视对绝缘子进行拍摄。拍摄中心应对准绝缘子中心，根据相机参数合理调整机位，保证绝缘子整串在照片中清晰成像。绝缘子 4 点拍摄方案 2 如图 6-30 所示。

图 6-29　绝缘子 4 点拍摄方案 1

图 6-30　绝缘子 4 点拍摄方案 2

4. 220kV 直线塔其他挂线方式绝缘子拍摄方案

（1）四回线路"V"形绝缘子串拍摄方案。四回线路"V"形串绝缘子参照双回线路"V"形串绝缘子拍摄方案，可采用额外增加一套对应机位点的方案和相同机位点额外增加拍照点的方案进行拍摄。

（2）三相同横担拍摄方案。三相同横担情况可参照直线和"V"形串拍摄方案结合，可采用额外增加同横担绝缘子对应机位点或相同机位点增加额外拍照点的方案进行拍摄。

（3）紧凑型排列拍摄方案。紧凑型杆塔可参照双回线路"V"形串绝缘子拍摄方案，采用增加对应绝缘子串的拍照点方案进行拍摄。

5. 500kV 以上电压等级直线塔绝缘子拍摄方案

500kV 绝缘子长度通常在 5m 左右，可采用分段方式进行拍摄，每段拍摄绝缘子长度约 2.5m。特高压线路绝缘子长度为 9～10m，应采用分段方式进行拍摄，每段拍摄范围选择 2.5m 左右。为保证拍摄照片可全面反映绝缘子情况，应至少采用 2 个及以上相互对应的不同角度进行拍摄。详细拍摄方案可参照 220kV 绝缘子拍摄方案。

6. 220kV 双回直线塔金具拍摄方案

（1）横担侧金具单点拍摄方案。横担侧挂点金具采用单点拍摄方案，机位点选取横担侧挂点水平面，沿横担方向向外 2～5m 处，拍摄中心应在横担侧挂点，根据相机参数合理调整机位，保证金具部分在照片中清晰成像。横担侧金具单点拍摄方案如图 6-31 所示。

图 6-31　横担侧金具单点拍摄方案

（2）横担侧金具 2 点拍摄方案 1。横担侧挂点金具照片采用 2 点拍摄，机位水平面选取横担处，距离挂点 2～4m，沿导线方向，分别在大号侧、小号侧水平对挂点处进行拍摄。拍摄中心应对准挂点处，根据相机参数合理调整机位，保证金具部分在照片中清晰成像。横担侧金具 2 点拍摄方案 1 如图 6-32 所示。

图 6-32　横担侧金具 2 点拍摄方案 1

（3）横担侧金具 2 点拍摄方案 2。横担侧挂点金具照片采用 2 点拍摄，机位水平面选取挂点侧金具处，距离挂点 2～4m，与沿横担方向呈 45°左右，分别在内侧、外侧水平或俯视对绝缘子进行拍摄。拍摄中心应对准绝缘子中心，根据相机参数合理调整机位，保证绝缘子整串在照片中清晰成像。横担侧金具 2 点拍摄方案 2 如图 6-33 所示。

图 6-33　横担侧金具 2 点拍摄方案 2

（4）横担侧金具 4 点拍摄方案。横担侧挂点金具照片采用 4 点拍摄，机位水平面选取挂点侧金具处，距离挂点 2～4m，与沿横担方向呈 45°左右，分别在大号侧内侧、大号侧外侧、小号侧内侧、小号侧外侧水平对绝缘子进行拍摄。拍摄中心应对准绝缘子中心，根据相机参数合理调整机位，保证绝缘子整串在照片中清晰成像。横担侧金具 4 点拍摄方案如图 6-34 所示。

图 6-34　横担侧金具 4 点拍摄方案

（5）导线侧金具 2 点拍摄方案 1。导线侧挂点金具照片采用 2 点拍摄，机位水平面选取导线侧挂点处，距离挂点 2～4m，沿横担方向，分别在内侧、外侧水平对挂点处进行拍摄。拍摄中心应对准挂点处，根据相机参数合理调整机位，保证金具部分在照片中清晰成像。导线侧金具 2 点拍摄方案 1 如图 6-35 所示。

按照此方案拍摄时应注意内外拍摄点转移过程的安全性，设置足够安全点。

图 6-35　导线侧金具 2 点拍摄方案 1

（6）导线侧金具 2 点拍摄方案 2。导线侧挂点金具照片采用 2 点拍摄，机位水平面选取导线侧挂点处，距离挂点 2～4m，与横担方向呈 45°，分别在内侧、外侧水平对挂点处进行拍摄。拍摄中心应对准挂点处，根据相机参数合理调整机位，保证金具部分在照片中清晰成像。导线侧金具 2 点拍摄方案 2 如图 6-36 所示。

图 6-36　导线侧金具 2 点拍摄方案 2

按照此方案拍摄时应注意内外拍摄点转移过程的安全性，设置足够安全点。

（7）导线侧金具 2 点拍摄方案 3。导线侧挂点金具照片采用 2 点拍摄，机位水平面选取导线侧挂点处，距离挂点 2～4m，与横担方向呈 45°，分别在内侧、该塔对侧外侧水平对挂点处进行拍摄。拍摄中心应对准挂点处，根据相机参数合理调整机位，保证金具部分在照片中清晰成像。导线侧金具 2 点拍摄方案 3 如图 6-37 所示。

此方案适用于变焦相机，按照方案的拍摄过程需要越塔，应注意拍摄点转移过程的安全性，设置足够安全点。

图 6 - 37　导线侧金具 2 点拍摄方案 3

（8）导线侧金具 4 点拍摄方案 1。导线侧挂点金具照片采用 4 点拍摄，机位水平面选取导线侧挂点处，距离挂点 2～4m，与横担方向呈 45°，分别在内侧大号侧、外侧大号侧、内侧小号侧、外侧小号侧水平或俯视对挂点处进行拍摄。拍摄中心应对准挂点处，根据相机参数合理调整机位，保证金具部分在照片中清晰成像。导线侧金具 4 点拍摄方案 1 如图 6 - 38 所示。

图 6 - 38　导线侧金具 4 点拍摄方案 1

按照此方案拍摄时应注意内外拍摄点转移过程的安全性，设置足够安全点。

（9）导线侧金具 4 点拍摄方案 2。导线侧挂点金具照片采用 4 点拍摄，机位水平面选取导线侧挂点处，距离挂点 2～4m，与横担方向呈 45°，分别在外侧小号侧、外侧大号侧、塔对侧小号侧、塔对侧大号侧水平或俯视对挂点处进行拍摄。拍摄中心应对准挂点处，根据相机参数合理调整机位，保证金具部分在照片中清晰成像。导线侧金具 4 点拍摄方案 2 如图 6 - 39 所示。

图 6-39　导线侧金具 4 点拍摄方案 2

此方案适用于变焦相机，按照此方案的拍摄过程需要越塔，应注意拍摄点转移过程的安全性，设置足够安全点。

7. 直线塔塔身

直线塔塔身可正面拍摄可能存在放电点的部位，包括塔身、横担等位置，横担应分大小号侧分别拍摄。

（1）角钢塔拍摄方案。角钢塔拍摄方案应拍摄两个点位，拍摄点位 1 为横担中心，覆盖宽度为整个横担，拍摄点位 2 为绝缘子距离塔身最近点，覆盖长度约为一个绝缘子的长度。定焦方案可采用距离横担拍摄点 2～5m 处对横担进行水平拍摄，距塔身 2～5m 处对塔身进行水平拍摄。变焦拍摄方案可采用在定焦方案拍摄点进行拍摄，或杆塔横担外对拍摄点进行水平或俯视拍摄。角钢塔横担较宽，横担拍摄点及塔身拍摄点位应分别在大号侧和小号侧进行拍摄。角钢塔拍摄方案如图 6-40 所示。

图 6-40　角钢塔拍摄方案

（2）钢管塔拍摄方案。钢管塔拍摄方案应拍摄两个点位，拍摄点位1为横担中心，覆盖宽度为整个横担，拍摄点位2为绝缘子距离塔身最近点，覆盖长度约为一个绝缘子的长度。定焦方案可采用距离横担拍摄点2～5m处对横担进行水平拍摄，距塔身2～5m处对塔身进行水平拍摄。变焦拍摄方案可采用在定焦方案拍摄点进行拍摄，或在杆塔横担外对拍摄点进行水平或俯视拍摄。钢管塔塔身较窄，可只选择一侧对塔身进行拍摄，横担拍摄仍需分大小号侧分别拍摄。

（3）单回塔拍摄方案。"干"字形塔、"上"字形塔、双回杆塔单侧挂线塔型参照角钢塔或钢管塔拍摄方案，本部分主要针对酒杯塔、猫头塔、拉门塔中相。

杆塔中相拍摄方案应拍摄4个点位，分别为两侧的横担和塔身，拍摄点选取塔身拍摄点至横担拍摄点范围内的水平面，分别对中相绝缘子左半部分横担、右半部分横担、左侧杆塔塔身、右侧杆塔塔身4个点位进行拍摄。可采用定焦相机在距离横担拍摄点2～5m处对横担进行水平拍摄，距塔身2～5m处对塔身进行水平拍摄。变焦拍摄方案可采用在定焦方案拍摄点进行拍摄，或在杆塔横担外对拍摄点进行水平或俯视拍摄。横担拍摄点及塔身拍摄点位应分别在大号侧和小号侧进行拍摄。单回塔拍摄方案如图6-41所示。

图6-41　单回塔拍摄方案

8. 220kV耐张塔绝缘子拍摄方案

（1）绝缘子2点拍摄方案。绝缘子照片采用2点拍摄，机位水平面选取绝缘子水平位置或高于水平位置处，距离绝缘子2～5m，沿横担方向，分别在内侧、外侧水平或俯视对绝缘子进行拍摄。拍摄中心应对准绝缘子中心，根据相机参数合理调整机位，保证绝缘子整串在照片中清晰成像。大小号侧绝缘子均需拍摄。绝缘子2点拍摄方案如图6-42所示。

该拍摄方案水平拍摄时，双串会互相遮挡。该方案俯视拍摄时，绝缘子、钢帽底部由于视角问题会覆盖不全。进入横担内侧应设计安全转移点，保障飞行过程安全。

（2）绝缘子4点拍摄方案。绝缘子照片采用4点拍摄，机位水平面选取绝缘子水平位置或高于水平位置处，距离绝缘子2～5m，与横担方向呈一定角度，分别在大号侧内侧、大号侧外侧、小号侧内侧、小号侧外侧水平或俯视对绝缘子进行拍摄。拍摄中心应对准绝缘子中心，根据相机参数合理调整机位，保证绝缘子整串在照片中清晰成像。大小号侧绝缘子均需拍摄。绝缘子 4 点拍摄方案如图 6 - 43 所示。

图 6 - 42　绝缘子 2 点拍摄方案　　　　　图 6 - 43　绝缘子 4 点拍摄方案

该拍摄方案在水平拍摄时，双串会互相遮挡。该方案在俯视拍摄时，绝缘子、钢帽底部由于视角问题会覆盖不全。进入横担内侧应设计安全转移点，保障飞行过程安全。

（3）"干"字形单回耐张塔上相绝缘子拍摄方案。绝缘子照片采用 2 点拍摄，机位水平面选取绝缘子水平位置或高于水平位置处，距离绝缘子 2～5m，沿横担方向，分别在外侧、杆塔对侧水平或俯视对绝缘子进行拍摄。拍摄中心应对准绝缘子中心，根据相机参数合理调整机位，保证绝缘子整串在照片中清晰成像。大小号侧绝缘子均需拍摄。"干"字形单回耐张塔上相绝缘子拍摄方案如图 6 - 44 所示。

图 6 - 44　"干"字形单回耐张塔上相绝缘子拍摄方案

（4）跳线绝缘子拍摄方案。跳线绝缘子由于沿导线方向存在遮挡，金具内侧拍摄较困难，因此采用单点位或外侧双点位进行拍摄。单点位机位水平面选取绝缘子中部，距离绝缘子 2～5m，水平或俯视进行拍摄。双机位点拍摄水平面选取绝缘子中部，距离绝缘子 2～5m，与横担呈约 45°，水平或俯视拍摄绝缘子。跳线绝缘子拍摄方案如图 6 - 45 所示。

9. 220kV 耐张塔横担侧挂点金具拍摄方案

（1）横担侧挂点金具单点拍摄方案。横担侧挂点金具采用单点拍摄方案，机位点选取

图 6-45　跳线绝缘子拍摄方案

横担侧挂点水平面，沿横担方向向外 2～5m 处，拍摄中心应横担侧挂点，根据相机参数合理调整机位，保证挂点金具在照片中清晰成像。大小号侧金具均需拍摄。横担侧挂点金具单点拍摄方案如图 6-46 所示。

（2）横担侧挂点金具 2 点拍摄方案。横担侧挂点金具照片采用 2 点拍摄，外侧机位选取挂点侧金具水平面或上方处，距离挂点 2～4m，沿横担方向，内侧机位选取挂点金具水平面或上方，与横担呈 45°，分别在内侧、外侧水平或俯视对绝缘子进行拍摄。拍摄中心应对准绝缘子中心，根据相机参数合理调整机位，保证绝缘子整串在照片中清晰成像。横担侧挂点金具 2 点拍摄方案如图 6-47 所示。

图 6-46　横担侧挂点金具单点拍摄方案

图 6-47　横担侧挂点金具 2 点拍摄方案

10. 220kV 耐张塔横担及塔身拍摄

（1）角钢塔横担及塔身拍摄方案。角钢塔拍摄方案应拍摄两个点位，拍摄点位 1 为横担中心，覆盖宽度为整个横担，拍摄点位 2 为跳线最低点距离塔身最近点，覆盖长度约为一个绝缘子的长度。定焦方案可在距离横担拍摄点 2～5m 处对横担进行水平拍摄，距塔身 2～5m 处对塔身进行水平拍摄。变焦拍摄方案可在定焦方案拍摄点进行拍摄，或在杆塔横担外对拍摄点进行水平或俯视拍摄。角钢塔横担较宽，横担拍摄点及塔身拍摄点位应分别在大号侧和小号侧。角钢塔横担及塔身拍摄方案如图 6-48 所示。

（2）钢管塔横担及塔身拍摄方案。钢管塔拍摄方案应拍摄两个点位，拍摄点位 1 为横担中心，覆盖宽度为整个横担，拍摄点位 2 为跳线最低点距离塔身最近点，覆盖长度约为一个绝缘子的长度。定焦方案可在距离横担拍摄点 2～5m 处对横担进行水平拍摄，在距塔身 2～5m 处对塔身进行水平拍摄。变焦拍摄方案可在定焦方案拍摄点进行拍摄，或在杆塔横担外对拍摄点进行水平或俯视拍摄。角钢塔塔身较窄，塔身拍摄点可仅拍摄一侧，

图 6-48 角钢塔横担及塔身拍摄方案

横担拍摄点仍应分别在大号侧和小号侧进行拍摄。钢管塔横担及塔身拍摄方案如图 6-49 所示。

图 6-49 钢管塔横担及塔身拍摄方案

11. 导线/地线拍摄

导线/地线以侧面、上方拍摄为主，拍摄时正对故障相导线/地线，侧方选取距离导线 4～10m 处进行拍摄，上方选取高于地线 4～10m 处进行拍摄，拍摄照片（或视频）应连续。可根据实际情况在保证安全的前提下增加内侧拍摄路径。内侧拍摄路径可选取前后杆塔中心点连线，航迹起始点、终点应与杆塔保持至少 5m 以上的距离，保证飞行安全。导线、地线拍摄如图 6-50 所示。

12. 通道情况（无人机连续拍摄，可视化摄像头）

（1）通道拍摄方案 1。通道拍摄采用上方拍摄方式，在线路上方大于 10m 的高度垂直向下或倾斜拍摄故障线路正下方通道情况，拍摄照片应连续，能拼接成整相导线的照片，或直接拍摄导线巡检视频。应拍摄清楚地面状况，用于识别外破接地点、覆冰坠落物等。

图 6-50　导线、地线拍摄

应注意通道上方有无交跨线路，保证巡检安全。通道拍摄方案 1 如图 6-51 所示。

（2）通道拍摄方案 2。通道拍摄采用侧面拍摄方案，在线路下横担水平面距离线路 5~10m 的通道保护区内，沿线路方向水平或倾斜拍摄，或直接拍摄导线巡检视频，用于判断导线周边物体和导线的直接距离。应注意通道保护区内有无较高障碍物，保证巡检安全。通道拍摄方案 2 如图 6-52 所示。

图 6-51　通道拍摄方案 1

图 6-52　通道拍摄方案 2

6.5　应急处置

6.5.1　空中设备异常、故障和应急迫降

6.5.1.1　空中设备异常、故障

为了保证巡检任务的安全顺利完成，在无人机巡检前应设置失控保护、半油返航、自

动返航等必要的安全策略。如遇天气突变或无人机出现特殊情况时应进行紧急返航或迫降处理。当无人机发生故障或遇到紧急的意外情况时，除按照机体自身设定应急程序迅速处理外，需尽快操作无人机迅速避开高压输电线路、村镇和人群，确保人民群众生命和电网的安全。无人机空中设备故障及异常报警常见情况如下：

（1）无人机视距外飞行 GPS 丢星。无人机一般均设有三种操控模式，即 GPS 模式（P）、姿态模式（A）和手动模式，如图 6-4 所示。

无人机如果在视距外飞行出现 GPS 丢星的情况，此时如果无人机图传是好的，有机载视频能提供引导，可以仿照 FPV 画面，将无人机飞回。

如果飞控姿态还持续有效，数据链路也仍然有效，可用姿态模式将其飞回。如果不能飞回，果断在野外开伞回收。如无伞可考虑收油门，以防飞丢。

（2）数传上行链路通信中断。多旋翼无人机飞行过程中出现数据传输上行链路通信中断的状况时，此时如果无人机处于地面遥控状态，无人机将失去控制。如果处于自动驾驶状态，则无人机按自动程序飞行。

视距内，应目视飞机尽快着陆；视距外，这时可尝试重新启动地面站或检查上行链路设备恢复通信，否则只能安心等待飞完所有航点后返航或链路中断触发返航机制。

（3）数传下行链路通信中断。多旋翼无人机飞行过程中出现数据传输下行链路通信中断的状况时，此时地面站软件上的飞行状态和数据不再更新。

无人机在视距内应尽快遥控着陆；视距外，先发送返航指令，安心等待返航；个别情况下，可倚靠任务设备图像返航。

（4）固定翼无人机数传链路通信中断。固定翼无人机飞行过程中出现数据传输下行链路通信中断的状况时，此时应调整地面链路天线位置。有些飞行控制系统能设置在链路中断多长时间后返航，这些事先要设置。如若全程时间到未能返航，可按航线地面寻找。如若该无人机加入优云系统，请联系优云服务商查找最终点。视距外作业的无人机应当在机身明显处张贴联系方式。

若 RXD 指示灯每秒闪烁约 2 次：电脑 Wi-Fi 连接——连接正确；地面站软件——重新启动；网络地址选择——选择正确；打开地面站软件——检查是否连接。

若连接失败：

使用 USB 转 422 串口线连接地面站和电脑，并选择串口通信进行连接。

若 RXD 指示灯熄灭：

断开自驾仪电源，放置于阴凉处，15min 后重启自驾仪。

（5）遥控器失效。无人机在飞行过程中突发遥控器失效的情况时，此时如果机载自动驾驶仪有链路中断自动转入程序控制功能，应立即中断上行链路。否则应做好应急救援准备。

若无法控制飞机：

遥控器开机前模式切换开关——姿态（手动）；

遥控器开机前油门——最低；

遥控器打开后——信号发射指示灯亮起；

接收机指示灯——绿色常亮。

若遥控器指令与飞机动作不符：

安装配置参数——遥控器校准。

（6）电机停转。四旋翼无人机在飞行过程中遇到个别电机停车时，无法完全手动操作无人机迫降，若无伞降装置，则应在最大限度保证地面安全时处置并回收无人机。六旋翼、八旋翼无人机在遇到个别电机停车时，应迅速将飞行模式切回手动模式或姿态模式，运用 360°悬停的修正方式找准无人机机头，若海拔偏高，应采取"Z"字下降路线，尽量避免垂直下降。且操作如下动作：

1）是否正确执行掰杆动作（内八或外八解锁）。

2）接调参软件或 App 查看主控异常状态，并根据调参软件或 App 指示检查具体故障。

3）请检查遥控器杆通道滑块是否能满行程滑动，检查通道是否反向。

4）请检查电调是否可正常工作，是否存在兼容性问题。

5）遥控器是否已正确对频。

（7）风力影响。

1）风向变化。固定翼无人机在降落时风向变化为顺航向，此时判断风力大小是否超过顺风着陆限制，如果超过限制，应复飞或改变着陆方向。

2）侧风超限。固定翼下滑拉平时，若侧风超过限制，首先应复飞待机，视风速减小到可降落时适时着陆。

（8）燃油动力无人机空中停车。如果可空中起动的，应尝试起动发动机。若不能起动，在本场则选择迫降；不能返回本场，则在预设迫降场迫降；如无预设迫降场，则尽量选择无人区迫降。

（9）无人机反应异常。使用遥控器遥控飞行时，无人机可能出现时断时续或无反应的情况，此类情况多数出现在无人机较远距离飞行、遥控器电力不足、有外界干扰的情况下，现阶段多数自动驾驶仪都有失控保护功能会切入自动驾驶，此时为了防止自驾仪在手动自动之间来回切换造成危险，可以先果断切换遥控器开关进入自动模式并关闭遥控器。再等待无人机自动飞回较近距离或检查遥控器电源或等待干扰消失。

（10）飞行中晃动过大或反映滞后。无人机在飞行中晃动过大或反应滞时，首先检查飞行控制系统感度，有可能是由于：①多旋翼飞行器机臂刚度不够，或有安装旷量；②多旋翼机体太大致使转动惯量太大；③多旋翼螺旋桨太重，加减速慢致使操纵相应慢；④固定翼机体或舵面刚度不够，连杆、摇臂或舵机本身有旷量。

其次重新校准 IMU，看指南针、检测故障是否仍旧出现。检查 IMU 及 GPS 位置是否保持固定，连接相应调参软件检查 IMU 及 GPS 安装位置偏移参数是否正确。

最后检测无人机结构强度，通过拿起无人机适当摇晃，看无人机机臂及中心是否有松动。可以在空载和满载的时候都这样试一下。如发现有明显结构变形，应当对无人机结构重新安装加强。如故障依旧，需要查看飞控感度/PID 值变化，进行重新设置。

（11）未按规划航线飞行。若发生无人机，突然出现不按规划航线飞行情况。首先切入姿态模式，观察是否只是飞行控制系统外回路位置出了问题；其次如果内回路姿态也有问题，则切换至手动模式进行降落；最后在降落后回放数据检查原因。

（12）故障灯显示。无人机上标配有 LED 尾灯，尾灯闪烁方式及颜色表明无人机当前的飞行状况，比如红灯慢闪表示无人机低电量报警，红灯快闪表示无人机严重低电量报警，红灯常亮表示系统出现严重错误；黄灯快闪表示遥控器信号中断；灯间隔闪烁表示无人机放置不平或传感器误差过大；红黄灯交替闪烁表示指南针数据错误，需校准；白灯闪烁，表示无人机正在执行返航指令或者飞行器自动下降。

一般无人机遥控器均设置有电压报警，当无人机遥控器发出急促"嘀嘀"音或者震动表示无人机遥控器低电压报警。部分无人机遥控器配备指示灯，当出现红灯常亮表示遥控器未与飞行器连接，红灯慢闪表示遥控器错误；红绿/红黄交替闪烁表示遥控器图传信号受到干扰。

（13）无图像信号。若无人机地面站无图像信号，此时应检查发射机、接收机是否工作正常，并检查图传通道是否受到干扰。

检查插遥控器或图传连接设备是否正常对频，如有异常重新对频。

检查姿态线和图传线是否连接完好，确保无破损现象。确保云台相机正确安装并可以通过自检，如出现连接异常，请检查云台接口的金属触点是否有变形、氧化现象，并尝试重新安装云台相机。

检查图传设置是否正确；如果安装的云台相机为 DJI 云台，则需在 App 内检查图传信号是否设置为 EXT。若条件允许，尝试更换遥控器与飞行器对频进行替换测试。

若在固件升级之后出现无图像信号，请确保图传与飞行器遥控器固件升级正常，属于兼容版本。

如果在飞行过程中出现"无图像信号"并排除环境干扰，建议切换图传信号通道，若信道质量依然较差，请检查遥控器天线位置摆放，将飞行器往远前方飞行，保持遥控器天线与天空端的天线平行；飞行器若在头顶，请将遥控器天线打平放置，使得飞行器信号在最佳范围内接收。

若干扰依旧严重，则可能是环境干扰严重，考虑更换作业场地。

如通过图传设置的外置信号接口（HDMI）可以正常输出信号，则需判断遥控器或图传显示端故障，需专业人士维修。

如飞行器是在发生碰撞后导致无图像信号，建议对图传模块进行具体故障检测。

（14）指南针异常。当指南针受到干扰时，飞行器为减少干扰将自动切换到姿态模式时，飞行时可能出现漂移现象。此时应该避免慌乱操作，建议轻微调整摇杆，保持飞行器稳定离开干扰区域并尽快降落到安全地点。

6.5.1.2　应急迫降

无人机巡检系统在空中发生动力失效等设备故障或遇紧急意外情况等时，可尝试一键返航、姿态模式、手动模式等应急操作，应尽可能控制其在安全区域紧急降落。降落地点应远离周边军事禁区、军事管理区、人员活动密集区、重要建筑和设施、森林防火区等。常见无人机应急迫降情况如下：

（1）多旋翼无人机动力失效。多旋翼无人机在遥控状态下出现动力失效，此时如果无人机有降落伞则立即开伞；无伞则利用仅有动力尽量让其跌落在无人位置；触地瞬间前将油门收至最小，以防着火。

（2）固定翼无人机动力失效。固定翼无人机在遥控状态下出现动力失效，此时应将势能换动能，保持一个等于或略大于平飞的速度，建立下滑轨迹迫降。

（3）固定翼无人机未能成功开伞。如果伞舱打开，伞未完全弹出，遥控机腹迫降。如果伞弹出但未完全充气，有条件的情况下进行机载切断，机腹迫降。不能实施机载切断的情况下，先使用最大马力看飞行操纵是否还有效，拖伞着陆。如果还未解决问题，在坠地瞬间之前将动力关至最小，减小损失，防止失火。

在坠机已经无法避免的情况下，触地前应外八字或内八字掰遥控器摇杆进行关桨。坠落后的无人机，螺旋桨可能仍然在旋转，如果已经砸到了东西，高速旋转的螺旋桨很可能造成二次损害。

6.5.2　坠机后续处理

无人机飞行时，若通信链路长时间中断，且在预计时间内仍未返航，应及时上报并根据掌握的无人机最后地理坐标位置或机载追踪器发送的报文等信息组织寻找。

无人机发生故障坠落时，工作负责人应立即组织机组人员追踪定位无人机的准确位置，及时找回无人机，飞行器上的 iOSD 部件类似黑匣子的作用，里面保存了飞行数据，将飞行数据导出，提交给技术人员或厂家进行分析，如果录制了视频，可将视频一并提交。因意外或失控使无人机撞向杆塔、导线和地线等造成线路设备损坏时，工作负责人应立即将故障现场情况报告分管领导及调控中心。同时，为防止事态扩大，应加派应急处置人员开展故障巡查，确认设备受损情况，并进行紧急抢修工作。

发生故障后现场负责人应对现场情况进行拍照和记录，确认损失情况，初步分析事故原因，填写事故总结并上报有关部门。同时，运维单位应做好舆情监督和处理工作。

发生事故后，应在保证安全的前提下切断无人机所有电源并拆卸油箱。应妥善处理次生灾害并立即上报，及时进行民事协调，做好舆情监控。工作负责人应对现场情况进行拍照记录，确认损失情况，初步分析事故原因，撰写事故总结并上报有关部门。巡检人员应将坠机事故报告等信息进行记录更新。

6.5.3　人身伤害处理

如果因无人机巡检飞行造成了人身安全事故，则视伤者情况展开救护，作业人员须具备紧急救护能力，正确包扎伤口，止血，正确处理烧伤、骨折、触电、蛇虫叮咬等野外作业可能发生的人身事故。若危险未消除，应及时拨打急救电话，并且正确搬运伤员。

事故发生后，应保护现场，正确处置舆情。留存图片、视频、文字、录音等资料，及时汇报单位相关部门，组织人员赴现场处理，调查原因，并进行善后处理，事态严重则通过法律途径正确处理事故。

目前已经有保险公司推出了针对无人机的第三方责任险，如果出现人身伤害等安全事故，可协商保险公司进行赔偿处理。

第7章
无人机巡检作业数据处理和缺陷分析

7.1　巡检数据处理

利用无人机自身独特的空中角度优势，可近距离、多角度采集设备的可见光、红外、激光雷达等的巡检数据，及时发现设备缺陷和潜在隐患，克服了传统人工巡视工作中塔位难以到达、攀塔风险高且效率低等问题。

对获取的电力设备的检图片或视频，应及时处理并分类存档。作业员在巡检数据导出后应添加当次的任务信息和巡检目标的线路杆塔信息，实现巡检数据的规范命名；采用软件进行适当处理查找缺陷并添加标记，对线路设备缺陷进行规范化的分类分级记录，生成检测报告；对巡检工作全过程数据进行分类存储，便于后续查询检索。

7.1.1　数据规范命名

1. 程序添加数据标签

巡检作业过程中，无人机设备拍摄的巡检图像和后期添加的信息标签文件，宜采用专业数据库管理，存储时应保证命名的唯一性。宜采用专用的标注软件进行标注操作，对巡检图像批量添加信息标签，内容至少包括电压等级、线路名称、杆塔号、巡检时间和巡检人员。对于巡检视频文件，需截取关键帧另存为".jpg"格式图像文件，批量添加标签规则相同。缺陷图像重命名时，要求清楚描述缺陷部位和类型，缺陷描述应按照"相-侧-部-问"的顺序，命名规范如下："电压等级＋设备双重称号"-"缺陷简述"-"该图片原始名称"。对RTK自主精细巡检拍摄的图像，其标签应增加拍摄位置、距目标设备的拍摄距离、拍摄角度、相机焦距、目标设备成像角度、光照条件。如220kV-园强2H40线-009号-大金具-小金具-中相小号侧导线侧-碗头挂环缺销钉，缺陷命名示例如图7-1所示。

2. 手动重命名

若不具备巡检图像数据库管理软件，作业人员应从无人机存储卡中导出图片或视频，选择当次任务数据，批量添加电压等级、设备双重称号，并备注当次任务的巡检时间、巡检人信息。之后根据当次任务的起止杆塔号，将巡检数据与杆塔逐基对应，将数据保存至本地规范存储路径下。对存在缺陷的图片或视频，清楚描述缺陷部位和类型后另存到缺陷

220kV-园强2H40线-009号-大金具-小金具-中相小号侧导线侧-碗头挂环缺销钉

图 7-1　缺陷命名示例

图像存储路径下。

7.1.2　缺陷识别与标注

1. 识别分析

巡检人员宜采用缺陷识别软件批量处理巡检数据并人工审核识别结果的准确性。当不具备程序自动识别条件时需要由巡检人员进行人工审核，根据电网设备的典型缺陷和隐患特征，在巡检图片和视频中定位缺陷和隐患。

2. 缺陷标注

对巡检图像及视频截取帧图像中的缺陷设备，用矩形框标注出图片中缺陷设备部位的准确位置，并依据相关规定标注设备缺陷信息。缺陷标注示例如图 7-2 所示。

（a）导线损伤

（b）地线挂点倾斜

图 7-2（一）　缺陷标注示例

（c）绝缘子破损

（d）销钉安装不规范

图 7-2（二）   缺陷标注示例

7.1.3   审核与存档

批量缺陷识别和标注工作完成后，巡检人员可在图像审核界面批量审核本次作业任务的所有缺陷标注与标签信息，确保识别审核结果的准确性和完备性，将审核结果导入专用数据库管理，并由管理员审核入库书的规范性。若不具备巡检数据库管理软件，则应采用管理人员抽检的方式进行规范性审核。

7.2   典型缺陷分析

7.2.1   缺陷分级

电网设备在运行过程中，由于天气等客观因素以及设备本身存在的问题，会产生各式各样的缺陷。设备缺陷的存在必然影响设备的安全运行，影响供电可靠性。因此，加强缺陷管理是供电系统设施管理的重要环节，本节在参照《输变电一次设备缺陷分类标准》（Q/GDW 1906—2013）的基础上，对各类电网设施所发生的缺陷进行分类、描述，以便于分析统计，找出规律，从而进一步指导设备缺陷管理。

设备缺陷按照其严重程度可分为一般、严重、危急三级。

（1）一般缺陷指设备虽然有缺陷，但是在一定期间内对设备安全运行影响不大。

（2）严重缺陷也称重大缺陷，指缺陷对设备运行有严重威胁，短期内设备尚可维持运行。

（3）危急缺陷也称紧急缺陷，指缺陷已危及设备安全运行，随时可能导致事故发生。

7.2.2   输电典型缺陷分析

7.2.2.1   杆塔类缺陷

1. 典型缺陷

杆塔类典型缺陷主要表现为塔身筑鸟巢、挂异物、铁塔锈蚀、零部件丢失或松动等。

2. 缺陷原因

塔身筑鸟巢如图 7-3 所示。线路周围没有较高树木，鸟类喜欢将巢穴设在杆塔上，可结合地面巡视进行检查，鸟类筑巢后，结合登塔检查进行拆除。有些鸟巢还有铁丝铝线，拆除时要远离导线抛掷，防止发生危险。

图 7-3　塔身筑鸟巢

铁塔锈蚀如图 7-4 所示。锈蚀原因：

（1）镀锌质量不过关。杆塔新建阶段镀锌材料质量不过关，镀锌工艺不规范，导致运行过程中镀锌层失效过早，使塔材暴露在自然环境下，加速了塔材的锈蚀，缩短了杆塔的自然使用寿命。

（2）长期运行导致塔材锈蚀。架空输电线路长期运行在外部环境下，受雨水、空气等因素影响，发生氧化、腐蚀等化学反应，铁塔塔材容易锈蚀，特别是在沿海地区、酸雾地区以及炼铁、炼钢等特殊材料加工厂和石油化工厂等的附近区域。

图 7-4　铁塔锈蚀

7.2.2.2　绝缘子类缺陷

1. 典型缺陷

绝缘子类典型缺陷主要表现为绝缘子闪络、绝缘子破损，自爆、雷击闪络、瓷绝缘子零值等，主要原因为普通绝缘子爬距小，干弧距离不足，反污、防雷能力较低。

2. 缺陷原因

绝缘子闪络：雷雨天气，杆塔落雷后产生过电压，高温短路电流通过绝缘子串放电，造成绝缘子表面烧伤。绝缘子闪络如图 7-5 所示。

绝缘子破损：①生产或施工过程导致机械损伤，在绝缘子生产或搬运、安装过程中，操作不当，导致绝缘子受到磕碰，造成绝缘子表面机械损伤；②绝缘子运行过程中，受风力、雨雪、骤冷骤热天气等自然环境影响，在局部应力和疲劳效应等多重因素作用下导致绝缘子损伤。绝缘子破损如图 7-6 所示。

图 7-5　绝缘子闪络　　　　　　　　图 7-6　绝缘子破损

7.2.2.3　导线类缺陷

1. 典型缺陷

导地线类典型缺陷主要表现为导地线断股、散股，悬挂异物、断股、锈蚀、交叉跨越间距不足等。

2. 缺陷原因

导地线断股、散股：①施工遗留，施工过程中，施工措施不当、现场防护不到位导致导地线划伤；②微风振动，长期运行过程中，均匀低速下的微风振动是导致导地线受损的重要原因，导地线的微风振动常以驻波形式表示，一定频率下的振荡波在波节点仅有角位移，且在导地线位置上不变，档距两端导地线悬挂点相对各种频率的振荡波均为波节点，受线夹约束不能自由移动，经常受到拉、弯曲和挤压等的静态应力，因此该处易产生导地线材料的疲劳断股等损伤；③外力破坏，在输电线路周边的施工、种植等生产活动过程中，导线有可能被触碰导致损伤，如大型机械施工运行过程中碰触导线，导线周边出现爆破或被爆破物击伤导线、线路下方树木生长过高导致线路放电损伤确，异物挂线放电烧伤接触部位。引下线断股如图 7-7 所示。地线引下线散股如图 7-8 所示。

图 7-7　引下线断股

图 7-8　地线引下线散股

7.2.2.4　接地装置类缺陷

1. 典型缺陷

接地装置类典型缺陷主要表现为断裂、腐蚀、接地电阻不合格、接地面积不够。

2. 缺陷原因

接地装置断裂、腐蚀的主要原因：①零部件的老化；②人为的外力破坏，如农业活动、盗窃、建设施工等对其的破坏。接地装置断裂如图 7-9 所示。

图 7-9　接地装置断裂

7.2.2.5　金具类缺陷

1. 典型缺陷

金具类典型缺陷的主要表现为耐张跳线线夹发热，螺栓平帽、缺螺帽、缺销钉、缺垫片、间隔棒跑位、金具磨损、金具锈蚀等。金具磨损主要发生在山区线路，特别是线夹和"U"形挂环是磨损最为严重的点。

2. 缺陷原因

耐张跳线线夹发热：由于安装耐张线夹螺栓时螺栓力矩不够，使设备线夹的接触电阻增大，导致设备线夹发热。耐张跳线线夹发热图如图 7-10 所示。

螺栓平帽、缺螺帽、缺销钉、缺垫片：施工人员安装螺栓时，螺栓力矩不够，风力作用使螺栓松动；或是在施工安装时，销钉、垫片未严格按要求安装。"U"形挂环缺销钉图如图 7-11 所示。

图 7-10　耐张跳线线夹发热

图 7-11　"U"形挂环缺销钉

7.2.2.6　附属设施类缺陷

1. 典型缺陷

附属设施类典型缺陷主要表现为杆塔号牌、相位牌等生锈、缺失，标识褪色、色标不清，防鸟设施缺失、未安装到位。

2. 缺陷原因

杆塔号牌生锈：号牌在自然环境下受到大气、紫外光的腐蚀而生锈。

杆塔号牌缺失：安装不牢固，杆号牌掉落；施工阶段遗留问题。

杆塔号牌模糊不清图如图 7-12 所示。

图 7-12　杆号牌模糊不清

7.2.2.7　通道环境类缺陷

1. 典型缺陷

通道环境类典型缺陷的主要表现为通道内有超高树木、房屋。主要原因有树木生长过快、解决树木砍伐问题较难、线下违章建房等。

2. 缺陷原因

导线对树木距离不够：线路通道附近树林向导线方向生长造成距离不够，可在档距中间清理树木加大宽度。

7.2.3　变电典型缺陷分析

7.2.3.1　构支架类缺陷

1. 典型缺陷

构支架类典型缺陷主要表现为构支架筑鸟巢、挂异物、锈蚀等。

2. 缺陷原因

筑鸟巢：变电站站内没有或者少量树木，鸟类喜欢将巢穴设在构支架上。变电站内鸟巢如图 7-13 所示。

图 7-13　变电站内鸟巢

锈蚀：构支架生产时留有杂质，造成镀锌层附着不牢固，长时间使用后镀锌层被破坏，产生锈蚀，如图 7-14 所示。

图 7-14　构支架锈蚀

7.2.3.2　绝缘子类缺陷

1. 典型缺陷

绝缘子类典型缺陷主要表现为绝缘子脏污。

2. 缺陷原因

变电站设备多为户外敞开式，长期经受风吹日晒，绝缘子积灰脏污较为普遍。绝缘子脏污如图 7-15 所示。

图 7-15　绝缘子脏污

7.2.3.3　设备类缺陷

1. 典型缺陷

设备类典型缺陷主要表现为充油类设备渗油、存在异物等。

2. 缺陷原因

设备渗油：由于设备法兰表面不平、紧固螺栓松动、安装工艺不正确、螺栓紧固不好，设备加工粗、密封不良都可能导致渗油。设备渗油如图 7-16 所示。

图 7-16　设备渗油

存在异物：在大风等恶劣天气，容易将周边易漂浮的物体吹落至设备上，或鸟类筑巢等活动也会导致设备存在异物。存在异物如图 7-17 所示。

图 7-17　存在异物

7.2.3.4　金具类缺陷

1. 典型缺陷

金具类典型缺陷的主要表现为螺栓、销钉脱落或严重腐蚀；螺栓松动；金具锈蚀、开口销及弹簧销缺损或脱出，特别要注意检查金具经常活动、转动的部位和绝缘子串悬挂点的金具。金具锈蚀如图 7-18 所示。开口销脱出如图 7-19 所示。

2. 缺陷原因

螺栓、销钉锈蚀：生产时留有杂质，造成镀锌层附着不牢固，长时间使用后镀锌层被破坏，产生锈蚀。

螺栓平帽、缺螺帽、缺销钉、缺垫片：施工人员安装螺栓时，螺栓力矩不够，风力作用使螺栓松动；或是施工安装时，销钉、垫片未严格按要求安装。

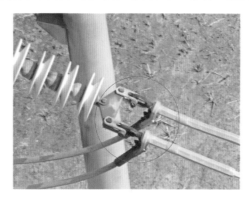

图 7-18　金具锈蚀

7.2.3.5　附属设施类缺陷

1. 典型缺陷

附属设施类典型缺陷主要表现为设备标识牌等标识缺失，标识褪色、色标不清。设备标识牌掉落如图 7-20 所示。

2. 缺陷原因

标识牌生锈、褪色：标识牌在自然环境下受到大气、紫外光的腐蚀而生锈或褪色。

标识牌缺失：安装不牢固，标识牌掉落；施工阶段遗留问题。

7.2.3.6　周边环境类缺陷

1. 典型缺陷

周边环境类典型缺陷的主要表现为周边 500m 内存在气球广告，庆典活动飘带、横幅；

图 7-19　开口销脱出

存在大块塑料薄膜、金属飘带等易浮物的废品收购站、垃圾回收站、垃圾处理厂；没有有效固定措施的蔬菜大棚塑料薄膜、农用地膜、遮阳膜；周边有可能造成变电站围墙倒塌、变电站整体下沉、杆塔倒塌的开挖作业；站房顶面开裂、积水、杂物堆积。周围有垃圾回收站如图7-21所示。周围有大块塑料薄膜如图7-22所示。周围有杂物堆积如图7-23所示。

2. 缺陷原因

人类生活、生产或自然环境气候导致。

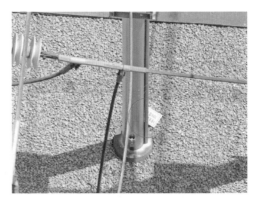

图7-20　设备标识牌掉落

图7-21　周围有垃圾回收站

图7-22　周围有大块塑料薄膜

图7-23　周围有杂物堆积

7.2.4　配电典型缺陷分析

7.2.4.1　杆塔本体缺陷

（1）杆塔上有鸟巢，如图7-24所示。

（2）塔材缺并帽、并帽平扣，如图7-25所示。

图 7 - 24　杆塔上鸟巢

图 7 - 25　塔材缺并帽、并帽平扣

（3）杆塔遗留工具，如图 7 - 26 所示。

（4）塔顶损坏，如图 7 - 27 所示。

图 7 - 26　杆塔遗留工具

图 7 - 27　塔顶损坏

（5）杆塔本体有异物缠绕，如图 7 - 28 所示。

图 7 - 28　杆塔本体有异物缠绕

7.2.4.2　导线类缺陷

（1）绑扎带安装不规范，如图 7-29 所示。

（2）导线遭遇雷击，如图 7-30 所示。

图 7-29　绑扎带安装不规范

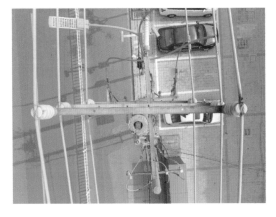

图 7-30　导线遭遇雷击

（3）跳线未绑扎，如图 7-31 所示。

（4）引流线、导线散股、导线断股，如图 7-32 所示。

图 7-31　跳线未绑扎

图 7-32　引流线、导线散股、导线断股

7.2.4.3　金具类缺陷

（1）碗头挂板、楔型耐张线夹缺销钉如图 7-33 所示。

（2）耐张线夹锈蚀如图 7-34 所示。

（3）缺并沟线夹如图 7-35 所示。

（4）抱箍锈蚀如图 7-36 所示。

（5）并沟线夹缺螺栓如图 7-37 所示。

7.2.4.4　绝缘子类缺陷

（1）绝缘子表面釉损坏，如图 7-38 所示。

（2）复合瓷瓶未换、螺丝缺失、缺少固定措施，如图 7-39 所示。

图 7-33　碗头挂板、楔型耐张线夹缺销钉

图 7-34　耐张线夹锈蚀

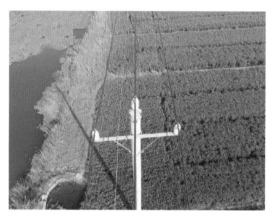

图 7-35　缺并沟线夹

图 7-36　抱箍锈蚀

图 7-37　并沟线夹缺螺栓

图 7-38　绝缘子表面釉损坏

（3）绝缘子脏污，如图7-40所示。

图7-39　复合瓷瓶未换、螺丝缺失、
缺少固定措施

图7-40　绝缘子脏污

（4）绝缘子脱落、倾斜，如图7-41所示。

（5）绝缘子有放电痕迹，如图7-42所示。

图7-41　绝缘子脱落、倾斜

图7-42　绝缘子有放电痕迹

7.2.4.5　避雷器类缺陷

（1）避雷器缺失，如图7-43所示。

（2）避雷器上引线断裂，如图7-44所示。

（3）避雷器缺绝缘防护罩，如图7-45所示。

（4）避雷器脱扣、下桩头连接件断裂，如图7-46所示。

（5）过电压保护器上桩头未搭接，如图7-47所示。

（6）避雷器脱扣失效，如图7-48所示。

7.2.4.6　通道缺陷

（1）通道内林木与导线安全距离不足，如图7-49所示。

（2）通道保护区内有施工，如图7-50所示。

图 7-43　避雷器缺失

图 7-44　避雷器上引线断裂

图 7-45　避雷器缺绝缘防护罩

图 7-46　避雷器脱扣、下桩头连接件断裂

图 7-47　过电压保护器上桩头未搭接

图 7-48　避雷器脱扣失效

图 7-49　通道内林木与导线安全距离不足

图 7-50　通道保护区内有施工

7.3　报告编写

　　无人机巡检报告一般可分为三部分：设备基本信息、巡检作业信息和设备缺陷信息。

　　设备基本信息包括设备电压等级、设备双重称号、设备范围、设备投运时间、设备类型及上次检修时间等信息。

　　巡检作业信息应包含巡检类型、巡检作业人员、作业天气、作业机型、巡检时间及天气等信息。

　　设备缺陷信息一般包含缺陷汇总信息、缺陷描述表、缺陷图等，缺陷汇总表应按照设备缺陷类型、缺陷分级分类统计。缺陷描述表应分项列出危急、严重、一般缺陷，并逐项进行缺陷描述，生成汇总表格，并附缺陷圈示图片。

第8章
无人机特殊挂载及特种装备

8.1 辅助施工、检修类

8.1.1 喷火设备

1. 设备介绍

通过集成无线电控制的直流微型电子隔膜油泵，可喷射出断点续流线型喷油柱体，利用特斯拉线圈原理在喷油出口处生成电弧，借助电弧点燃喷油柱体形成火焰束，在FPV操控模式下高效安全地进行带电清除飘挂物作业。喷火设备如图8-1所示。

2. 应用案例

喷火作业现场如图8-2所示。

线路清障：在农忙或台风季节，时常会有农户的塑料薄膜或各类障碍物因风力悬挂到输电线路上，遇到下雨情况，容易导致电网输电工作瘫痪，而清除工作也非常困难。通过无人机喷火的形式，可以帮助电网工作人员轻松解决悬挂的轻量障碍物，如塑料薄膜、风筝等。

图8-1 喷火设备

图8-2 喷火作业现场

3. 应用效果

无人机搭载喷火装置，能够实现高空作业，改变以往依靠人工费时费力的清障方式，提高清障的机动性，实现了高空带电作业，解决了以往断电作业的麻烦，有效节省了清障作业成本，减轻了工人工作的强度，大大提高了工作效率。

8.1.2　抛投设备

1. 设备介绍

无人机抛投设备结构紧凑高效，具备远距离运送物品，高空负载重物运输的功能，可配合应用于电网作业过程中的输电线路架设、作业工具运送、物资投放等工作。抛投设备如图 8-3 所示。

图 8-3　抛投设备

2. 应用案例

抛投作业现场如图 8-4 所示。

（1）辅助施工。架空输电线路的导线牵引工作需要依靠大量的工作人员，对于沿途有山谷、山林和河流区域的情况，牵引工作更加烦琐。而通过无人机可帮助牵引作业，避开山林河流的影响。以往需要人力或者大型吊装汽车向高楼运送施工材料的过程，现在通过无人机也能完成。

（2）辅助检修。电网工人在登塔作业的过程，还需要背负各类维保工具，不仅影响作业安全还降低了作业效率。现在工作人员到达指定位置后，地面人员可以通过无人机来运送需要的工具包，完成作业后，工具包也可通过无人机运回至地面，有效保障了作业人员安全，提升了作业效率。

图 8-4　抛投作业现场

3. 应用效果

对于塔上作业和架空输电线路引线作业，传统方式主要依靠人力进行，需要工作人员攀爬到高处牵引导线，同时还需要背负各类重物，安全和效率都无法得到有效保障。而通过无人机牵引导线和运送物资，能让牵引过程更加便利，同时有效保障塔上作业人员的安全。对于偏僻和人力无法到达的户外区域，无人机加抛投的形式，更加便利和高效。

8.1.3　应急照明设备

1. 设备介绍

应急照明设备包括照明组件：大功率云台探照灯或大功率矩阵照明灯，无人机设备、系留系统、发电机组。应急照明设备可以从远离人群的安全空域将照明强光投射至目标位置，可满足电网输电线路的夜晚巡查巡检、应急抢修维护及救援等作业需求，如图 8-5 所示。

图 8-5　应急照明设备

2. 应用案例

（1）输电线路夜间巡检照明。夜间环境黑暗，输电线路分布广，巡检费时费力且巡检现场情况复杂，如山地电塔，爬山检查存在安全隐患。通过无人机搭载探照灯可进行输电线路夜间巡检，无人机飞行半径 8~15km，可覆盖多座基塔，同时可搭载高功率探照灯搭配红外相机记录细节。输电线路夜间巡检照明如图 8-6 所示。

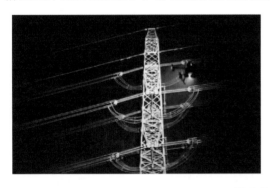
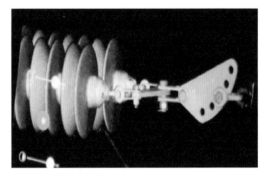

图 8-6　输电线路夜间巡检照明

（2）输电线路夜间抢修照明。夜间抢修现场施工人员自带的头戴式照明、手电照明，照明范围局限，亮度弱；而照明车仅单边照明且补光过强，易对塔上人员造成视觉眩目，可能引发安全隐患。通过无人机搭载照明装备，同时使用系留电源为无人机提供持续供电，可为抢修现场提供大范围长时间的应急照明补充，并且搭配地面照明后，可为现场提供亮如白昼的照明效果。输电线塔抢修照明如图 8-7 所示。

图 8-7　输电线塔夜间抢修照明

（3）电网夜间户外作业照明。输电线路的抢修现场经常山路狭小路面复杂，大型照明设备无法进场，而传统照明设备不便携，如汽杆照明，需要 4～6 人配合，且山路蜿蜒曲折，使用手电亮度和照明范围都有限，影响作业。在山路路口或聚集点可采用系留无人机提供长时间照明，照明亮度可覆盖作业区域，满足作业需求。电网夜间户外应急作业照明如图 8-8 所示。

3. 应用效果

装备无人机系留照明装备及无人机大功率照明装置后，相比于传统地面照明设备和作业模式，具备有如下的效果：

（1）空对地照明方式如太阳光般照明，照明范围广。

（2）无人机照明覆盖广，亮度高，对塔上作业人员更友好。

（3）照明亮度均匀、色温柔和，适合正常作业需求。

图 8-8　电网夜间户外应急作业照明

（4）操作方便简单，设备轻巧便携。

（5）通过系留无人机，实现长航时不间断的空对地照明。

（6）无人机高度可控，可为更大范围区域提供照明补光。

（7）操作方便简单，设备轻巧便携，仅需 1～2 人即可完成操作。

8.2　带电检测类

8.2.1　憎水试验设备

1. 设备介绍

无人机挂载配重固定架、自动喷水装置，针对杆塔目标复合绝缘子处，自动喷水装置控制直流微型电子隔膜泵生成可调节散开型水流，对目标复合绝缘子进行均匀喷洒，结合图像识别技术，对复合绝缘子进行憎水性检测。憎水试验设备如图8-9所示。

图8-9　憎水试验设备

2. 应用案例

高压输电线路的绝缘子检测工作主要依靠人力进行，登塔人员还需另外携带长杆检测仪器，攀塔过程极其不便，且检测过程复杂危险。现在无人机可以飞升至指定位置，通过挂在检测设备的方式进行喷水检测，同时通过无人机相机记录数据，后台数据库对比数据，及时得出检测结果，方便快捷。高压输电线路的绝缘子检测如图8-10所示。

图8-10　高压输电线路的绝缘子检测

3. 应用效果

通过无人机检测绝缘子憎水性，可大幅度降低人力开支，节省费用支出，同时能够在保证作业效率和质量的情况下，完成更大规模的检测要求，为电网行业节省出巨额的检测费用，同时有效降低电网的故障率。

8.2.2　紫外线设备

1. 设备介绍

紫外检测装置的检测光谱为240～280nm，可以检测电压强度异常引起的紫外辐射、电晕放电型缺陷，可以获取紫外视频图像来检测电力线路中的电晕现象，进而对引起放电的设备进行故障诊断。其适用于输变配等高压带电设备的电晕及电弧放电检测，探测器灵敏度高，抗干扰能力强。紫外检测装置如图8-11所示。

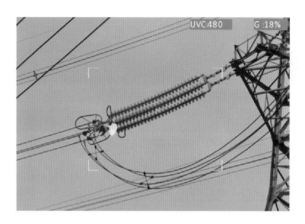

图 8-11　紫外检测装置

2. 应用案例

在 220kV 高压线路的实际应用中，利用太阳盲区滤片加紫外光探测器，可以精准显示紫外图像，探测到电晕以及电气放电现象。而在此基础上叠加可见光图像，可直观显示被测物体区域，从而可以判断电晕位置与电晕放电的多种可能性，为后续数据记录和检修提供便利。紫外检测装置可用于大面积监测输电线路隐患，如绝缘子碎裂导致停电等问题。其抗干扰能力强，可以完全不受太阳光的影响，确保全天候在线工作，提升巡检效率。其小巧轻便，可搭载无人机进行飞行巡检，近距离观测放电区域，发现细小缺陷故障，为电网设备的监测提供有效帮助。探测到的电晕如图 8-12 所示。

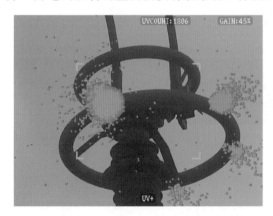

图 8-12　探测到的电晕

3. 应用效果

无人机装备紫外检测装置后，相比于传统地面手持设备和地面作业模式，具备有如下的效果：

（1）可变焦拍摄，保障设备安全的同时，大大缩短任务时间。

（2）多角度查找，快速定位缺陷位置。

（3）操作方便简单，设备轻巧便携。

应用效果如图 8-13~图 8-17 所示。

图 8-13　支柱绝缘子裂纹

图 8-14　均压环毛刺放电

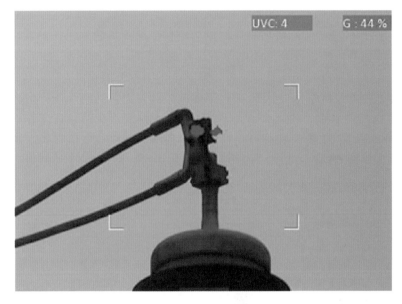

图 8-15　连接松动放电

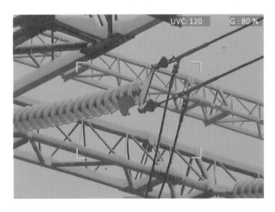

图 8-16　绝缘子不均匀覆冰雪

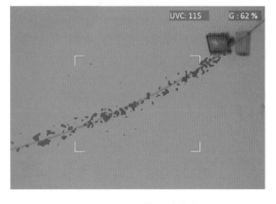

图 8-17　导线污秽放电

8.2.3　声纹检测装置

1. 设备介绍

机载声纹检测装置由无人机、声纹采集传感器、降噪外壳、遥控器、声纹处理分析App组成，通过轻量化声纹检测设备与无人机相结合，利用波束形成波束成形技术，结合人工智能技术，将现场光学图像和高频声压云图进行叠加，通过观察声压云图颜色的深浅可快速准确定位出声源的位置所在，可用于电力设备局部放电的故障定位与诊断识别，辅助运检人员发现设备隐蔽缺陷。声纹检测装置如图8-18所示。

（a）无人机　　　　　（b）声纹传感器　　　　（c）声学透镜

图 8-18　声纹检测装置

2. 应用案例

泰州供电公司试点应用无人机声纹检测装置，基于声源定位技术，以热力图的形式实时显示声源在空间的分布状态，以数据可视化为手段，对电网设备局放检测数据进行记录，分析并形成报告。无人机搭载声纹检测装置和巡检如图8-19、图8-20所示。

图 8-19　无人机搭载声纹检测装置

3. 应用效果

传统超声波检测法需要人工手持传感器探头进行接触式的测量，操作烦琐且无法智能识别放电类型。机载声纹装置融合声纹处理与视频处理技术，满足输电设备的局放检测需求，助力智能化运检，进一步提升输电设备的健康水平。

图 8-20　无人机搭载声纹检测巡检

8.3　智能装备类

8.3.1　单兵车

　　无人机单兵网格化巡检装备由人员移动模块、无人机作业模块、无人机保障模块、无人机精准降落模块组成。对地形复杂、交通不便的巡检区域，巡检员驾驶单兵作业车抵达现场后，可以通过管理系统平台下达执行巡检任务，将巡检任务航线数据同步到无人机，无人机全自主完成巡检任务，巡检数据实时回传系统平台。可完成 30～40km 交通范围内的输配电线路日常巡检工作。单兵车如图 8-21 所示。

1. 应用案例

　　巡检作业人员接收到巡检工单后，通过无人机单兵网格化巡检装备达到作业网点，取出无人机，打开起降板即可进行巡塔作业。中心运维人员通过管控系统远程控制无人机进

图 8-21　单兵车

行全自主巡检，无需现场巡检人员对起飞到降落的全流程进行干预，可进一步推动无人机巡检作业低成本、低门槛、高效率。单兵作业现场如图 8-22 所示。

图 8-22　单兵作业现场

2. 应用效果

无人机单兵网格化巡检装备，可以助力输配电线路日常巡检业务场景实现规模化应用，强化运维网格内巡检作业水平，助力构建清洁低碳、安全高效的巡检装备机制。

8.3.2 移动巡检作业车

移动巡检作业车如图 8-23 所示。

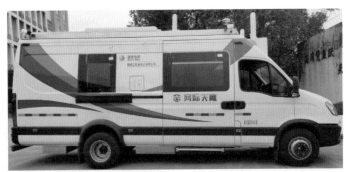

图 8-23　移动巡检作业车

1. 设备介绍

移动式无人机智能巡检作业装备由车载系统和无人机系统两部分组成。蓝牌车辆，C照即可驾驶、性能佳、动力足。可多机收纳，同时存储、固定 4 台无人机及其挂载，具备 4 台无人机同时作业能力，提升效率和冗余度。车辆集成大功率发电机，配置 UPS 不间断电源，保障系统持续供电。满足各个行业应用无人机进行作业的灵活性和机动性需求，尤其在电力巡检、安防布控、指挥巡逻、风机巡检、光伏巡检等作业领域有广泛的应用价值，极大提升了无人机空中作业的能力。

2. 应用案例

泰州公司在 220kV 兴盛 2H54/4949 线、220kV 观界 2648/2649 线、110kV 海苏 961线等输电线路，进行移动巡检作业车的试点应用。一天可完成 65 基以上杆塔巡检，较传统无人机操作，效率提高了近 4 倍。一键智能巡检功能，简化了无人机作业流程，不用手动操作无人机，大大降低了作业人员劳动强度。

3. 应用效果

基于移动机场系统的全自动化功能，无人机可以在无人干预的情况下自行起飞和降落、充/换电池，有效替代人工现场操作无人机，降低电力巡检作业成本和人员操作风险，提高作业效率，彻底实现无人机的全自动作业，大幅提升了巡检效率，将精细化巡检效率提升至 60 基/日，是人工登塔巡检效率的 6 倍，提升了江苏电网输电运检智能化水平。

8.3.3　固定机场

固定机场如图 8-24 所示。

1. 设备介绍

固定机场通常包括机场舱体、升降平台、自动归中系统、自动充电系统、气象站、UPS、工业空调等，主要功能通常包括停放无人机、自主充电、自主巡检、一键起飞、精准降落、飞行条件监测、实时传输、飞行航线规划等。固定机场可将无人机直接部署到作业现场，解决人工携带无人机巡检通勤难度大、检查不全面、人力成本高等问题，极大提高了巡检的效率，为智慧电网的建设奠基了基础。固定机场如图 8-24 所示。

图 8-24　固定机场

2. 应用案例

泰州公司通过在泰州兴化试点区域内部署小型多旋翼机巢 4 套，中型多旋翼机巢 4 套、大型多旋翼机巢 3 套共 11 套机巢。覆盖面积 684.58km²，涵盖 176km 特高压线路及 250km 特高压重要输变电设备保障通道，线路电压等级 400～1000kV 全覆盖，输电线路合计 2066 基塔，覆盖配电线路 103 条共 12964 杆。实现试点区域内输电、变电、配电无人机机巢自主巡检。固定机场应用案例如图 8-25 所示。

图 8-25　固定机场应用案例

3. 应用效果

通过示范区内固定机场的部署建设，完成示范区内输变配场景的高频次、常态化、无人化巡检，有效解决了现阶段无人机自主巡检安全管控不足、机巡飞手人员数量不足、数据采集频次不高、故障特巡响应不及时等业务痛点，助力运检模式数字化变革。

附录 A
无人机巡检作业流程图

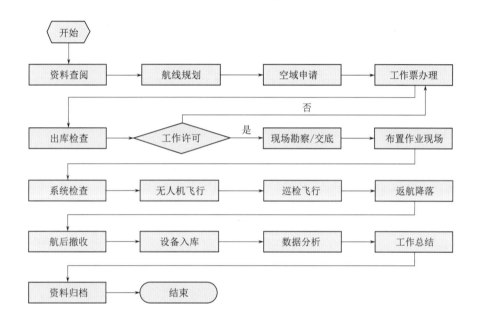

联系人：×× 　联系电话：×× 　　　×× 　　　现场联系人：×× 　联系电话：××

飞行日期	××	起降机场	临时起降点	开飞时间 结束时间	08：00 18：00	机数	2
机型、机号	飞机呼号	应答机编码	飞行架次/时间	机长	空勤	保障	其他	备降机场
M210 轻型多旋翼无人机/精灵 4RTK 小型多旋翼无人机	无	无	30/8h				无	无

编批	高度	飞行科目、飞行航线及空域	机型
101（航线 1）	100m	无人机电力巡检使用航线空域 1： 起飞点：N××°29′53″　E××°01′02″（××庄附近起降点） 　　　　N××°29′10″　E××°01′08″ 　　　　N××°29′22″　E××°05′52″ 降落点：N××°30′14″　E××°05′42″（××村附近起降点）	精灵 4RTK 小型多旋翼无人机
101（航线 2）	100m	无人机电力巡检使用航线空域 2： 起飞点：N××°14′05″　E××°58′18″（××村附近起降点） 　　　　N××°12′28″　E××°58′26″ 　　　　N××°10′00″　E××°09′31″ 降落点：N××°11′42″　E××°11′25″（××村附近起降点）	精灵 4RTK 小型多旋翼无人机
备注		参航函〔20××〕××号	

附录 C
架空输电线路无人机巡检作业工作单模板

单位_____ 编号_____

1. 工作负责人_____工作许可人_____
2. 工作班__无人机巡检班__

工作班成员（不包括工作负责人）：____共____人

3. 作业性质：小型无人机巡检作业（√） 应急巡检作业（ ）
4. 无人机巡检系统型号及组成：_____
5. 使用空域范围

××°52′14″ ××°58′13″、××°32′30″ ××°56′04″、××°32′32″ ××°44′36″、××°19′55″ ××°13′23″、××°50′59″ ××°25′20″、××°49′07″ ××°44′38″六点连线，真高不高于 150m 范围内。

6. 工作任务

110kV××线巡检

7. 安全措施（必要时可附页绘图说明）：

7.1 飞行巡检安全措施：①程控手应始终注意观察无人机巡检系统发动机或电机转速、电池电压、航 1 发动机或电机运转声音等信息，判断系统工作是否正常；②各相关作业人员之间应保持信息畅通。

7.2 安全策略：①无人机巡检系统在飞行过程中出现偏离航线、导航卫星颗数无法定位、通信链路中断、动力失效等故障时升高至安全高度返航或尽可能在安全区域内紧急降落；②巡检过程中气象条件和空域许可等情况发生变化时升高至安全高度返航或就近降落。

7.3 其他安全措施和注意事项：①应在通信链路畅通范围内进行巡检作业；②程控手与操控手之间应保持信息畅通；③巡检作业时，无人机距线路设备距离不小于 5m，距周边障碍物距离不小于 10m；④巡检飞行速度不大于 10m/s；⑤必要时设置安全警示区。

7.4 明确无人机起降安全范围，严禁安全范围内存在人或物品。

7.5 上述 1～6 项由工作负责人____根据工作任务布置人____的布置填写。

8. 许可方式及时间

许可方式：____

许可时间：____年__月__日__时__分至____年__月__日__时__分

9. 作业情况

作业自＿＿年＿月＿日＿时＿分开始，至＿＿年＿月＿日＿时＿分，无人机巡检系统撤收完毕，现场清理完毕，作业结束。

工作负责人于＿＿年＿月＿日＿时＿分向工作许可人＿＿用＿＿方式汇报。

无人机巡检系统状况：

_____

工作负责人（签名）＿＿＿＿＿＿　　　工作许可人＿＿＿＿＿＿

工作班成员（签名）＿＿＿＿＿＿　　　填写时间＿＿年＿月＿日＿时＿分

附录 D
无人机巡检作业报告

无人机巡检作业报告

批　准：

审　核：

编　制：

编制单位

年　月　日

、设备基本信息

线路名称：××kV××线。

起始站点：××变–××变，线路总长度：××km。

线路投运时间：××年×月×日。

线路路径：××–××。

杆塔区段：××#–××#，其中耐张塔×基，直线塔×基。

上次检修时间：××年×月×日。

二、巡检作业信息

巡检日期：	××年–×月–×日——××年–×月–×日		
天气条件：	××		
巡检区段：	××#–××#		

三、设备缺陷信息

（一）缺陷汇总

缺陷类型	导地线	杆塔	基础	接地装置	金具	绝缘子	附属设施	通道环境	合计	占比
一般										
严重										
危急										
总数										
占比										

（二）缺陷列表

序号	杆塔号	缺陷描述	缺陷性质
1	××	××kV××线××#左侧地线引下线与塔材摩擦	一般
2	××	××××××	××
3	···	···	···

（三）缺陷附图

1、××kV××线××#左侧地线引下线与塔材摩擦